はじめに

Windowsはマイクロソフト社が開発したOSで、パソコンのOSとして最も普及しています。Windows 10はその最新バージョンです。Windows 10は、従来のマウスとキーボードによる操作だけでなく、タッチ操作でも使いやすいOSです。

本書は、初めてWindows 10をお使いになる方、旧バージョンを使用していた方を対象に、新しくなったユーザーインターフェースはもちろん、ファイル管理、セキュリティ管理、ユーザーアカウント管理など、Windowsの操作にかかせない機能のほかに、Windows 10標準搭載のブラウザー「Microsoft Edge」やWindowsの設定をカスタマイズするときに使う「設定」画面の使い方など、パワーアップした機能をわかりやすく解説しています。

本書は、経験豊富なインストラクターが、日頃のノウハウをもとに作成しており、講習会や授業の教材としてご利用いただくほか、自己学習の教材としても最適なテキストとなっております。

本書を通して、Windows 10の知識を深め、実務にいかしていただければ幸いです。

本書を購入される前に必ずご一読ください

本書は、2019年6月現在のWindows 10（ビルド18362.175）に基づいて解説しています。
本書発行後のWindowsのアップデートによって機能が更新された場合には、本書の記載のとおりに操作できなくなる可能性があります。あらかじめご了承のうえ、ご購入・ご利用ください。

2019年8月25日
FOM出版

◆Cortana、Internet Explorer、Microsoft、Microsoft Edge、OneDrive、Windows、Windows Helloは、米国Microsoft Corporationの米国およびその他の国における登録商標または商標です。
◆その他、記載されている会社および製品などの名称は、各社の登録商標または商標です。
◆本文中では、TMや®は省略しています。
◆本文中のスクリーンショットは、マイクロソフトの許可を得て使用しています。
◆本文で題材として使用している個人名、団体名、商品名、ロゴ、連絡先、メールアドレス、場所、出来事などは、すべて架空のものです。実在するものとは一切関係ありません。
◆本書に掲載されているホームページは、2019年6月現在のもので、予告なく変更される可能性があります。

目次

■ ショートカットキー一覧

■ 本書をご利用いただく前に -- 1

■ 第1章　Windows 10をはじめよう -------------------------------- 4

 Step1　**Windowsについて** ………………………………………… 5
  ● 1　Windowsとは ……………………………………………… 5
  ● 2　Windowsの様々な機能 …………………………………… 5
  ● 3　Windows 10とは …………………………………………… 8

 Step2　**マウス操作とタッチ操作** ……………………………… 9
  ● 1　マウス操作 ………………………………………………… 9
  ● 2　タッチ操作 ………………………………………………… 10

 Step3　**Windows 10を起動する** ……………………………… 11
  ● 1　Windows 10の起動 ………………………………………… 11

 Step4　**デスクトップの画面構成** ……………………………… 13
  ● 1　デスクトップの画面構成 ………………………………… 13

 Step5　**スタートメニューの画面構成** ………………………… 15
  ● 1　スタートメニューの表示 ………………………………… 15
  ● 2　スタートメニューの画面構成 …………………………… 16

 Step6　**ウィンドウを操作する** ………………………………… 18
  ● 1　アプリの起動 ……………………………………………… 18
  ● 2　ウィンドウの画面構成 …………………………………… 20
  ● 3　ウィンドウの最大化 ……………………………………… 21
  ● 4　ウィンドウの最小化 ……………………………………… 22
  ● 5　ウィンドウの移動 ………………………………………… 23
  ● 6　ウィンドウのサイズ変更 ………………………………… 24
  ● 7　アプリの終了 ……………………………………………… 26

 Step7　**複数のウィンドウを操作する** ………………………… 27
  ● 1　複数のアプリの起動 ……………………………………… 27
  ● 2　タスクバーによるタスクの切り替え …………………… 28
  ● 3　タスクビューによるタスクの切り替え ………………… 29
  ● 4　キー操作によるタスクの切り替え ……………………… 30
  ● 5　ウィンドウの非表示 ……………………………………… 31

 Step8　**Windows 10を終了する** ……………………………… 33
  ● 1　スリープとシャットダウン ……………………………… 33
  ● 2　スリープで終了する ……………………………………… 33
  ● 3　スリープ状態の解除 ……………………………………… 34
  ● 4　シャットダウンで終了する ……………………………… 36

参考学習　パソコンをロックする …………………………………… 37
- 1　ロック ………………………………………………………… 37
- 2　ロックの解除 ………………………………………………… 38

■第2章　ユーザーアカウントを管理しよう -------------------- 40

Step1　ユーザーアカウントについて …………………………………… 41
- 1　ユーザーアカウントとは ……………………………………… 41
- 2　Microsoftアカウントとローカルアカウント ………………… 42
- 3　ユーザーアカウントの種類 …………………………………… 42

Step2　ユーザーアカウントを設定する ………………………………… 43
- 1　サインインとは ………………………………………………… 43
- 2　ユーザーアカウントの確認 …………………………………… 44
- 3　パスワードの変更 ……………………………………………… 46
- 4　PINの変更 ……………………………………………………… 48

Step3　ユーザーアカウントを追加する ………………………………… 50
- 1　ユーザーアカウントの追加 …………………………………… 50

■第3章　ファイルを管理しよう -------------------------------- 52

Step1　フォルダーとファイルについて ………………………………… 53
- 1　ファイルとは …………………………………………………… 53
- 2　フォルダーとは ………………………………………………… 54

Step2　エクスプローラーについて ……………………………………… 55
- 1　エクスプローラーとは ………………………………………… 55
- 2　エクスプローラーの起動 ……………………………………… 55
- 3　エクスプローラーの画面構成 ………………………………… 56
- 4　ドライブの確認 ………………………………………………… 61
- 5　ファイルの表示 ………………………………………………… 62
- 6　エクスプローラーの終了 ……………………………………… 63

Step3　ファイルの表示方法を変更する ………………………………… 64
- 1　ファイルの管理 ………………………………………………… 64
- 2　ファイルの表示方法 …………………………………………… 64
- 3　ファイルの表示方法の変更 …………………………………… 66
- 4　ファイルの並べ替え・抽出 …………………………………… 68

Step4　新しいフォルダーやファイルを作成する ……………………… 72
- 1　新しいフォルダーの作成 ……………………………………… 72
- 2　新しいファイルの作成 ………………………………………… 73
- 3　ファイル名の変更 ……………………………………………… 75

Step5　フォルダーやファイルをコピー・移動する …………………… 77
- 1　ファイルのコピー ……………………………………………… 77
- 2　フォルダーの移動 ……………………………………………… 78

Step6	ファイルを削除する	81
	●1　ごみ箱とは	81
	●2　ファイルの削除	82
	●3　ファイルを完全に削除する	83
Step7	メディアを利用する	85
	●1　メディアとは	85
	●2　メディアにファイルを書き込む	86

■第4章　インターネットを楽しもう　90

Step1	Microsoft Edgeを起動する	91
	●1　Microsoft Edgeの起動	91
	●2　Microsoft Edgeの画面構成	92
Step2	Webページを閲覧する	93
	●1　URLを指定したWebページの表示	93
	●2　キーワードを使ったWebページの検索	95
	●3　Webページの移動	97
	●4　複数のWebページの表示	98
	●5　履歴の利用	100
Step3	よく見るWebページを登録する	101
	●1　お気に入りの登録	101
	●2　お気に入りに登録したWebページの表示	102

■第5章　Windows 10を使いこなそう　104

Step1	よく使うアプリをピン留めする	105
	●1　ピン留めとは	105
	●2　タスクバーにピン留め	105
	●3　スタートメニューにピン留め	106
Step2	スタートメニューをカスタマイズする	107
	●1　グループの作成	107
	●2　グループの移動	108
	●3　タイルの整理	109
Step3	検索機能を利用する	111
	●1　エクスプローラーからファイルを検索	111
	●2　タスクバーからファイルを検索	114
Step4	Cortanaを使ってパソコンを操作する	116
	●1　Cortanaとは	116
	●2　音声でアプリを操作	116
Step5	仮想デスクトップを利用する	118
	●1　仮想デスクトップの追加	118
	●2　デスクトップの切り替え	120
	●3　仮想デスクトップの終了	122

	Step6	タイムラインを利用する	124
		●1 タイムラインの表示	124
		●2 過去に作業したファイルを開く	126
	Step7	クリップボードを利用する	128
		●1 クリップボードの履歴を有効にする	128
		●2 クリップボードの履歴から貼り付け	129

■第6章　セキュリティ対策を確認しよう　132

	Step1	パソコンを取り巻く危険を確認する	133
		●1 パソコンを取り巻く危険	133
		●2 パソコンがウイルスに感染する可能性	133
		●3 パソコンにスパイウェアが仕組まれる可能性	134
		●4 パソコンに第三者が不正アクセスする可能性	134
	Step2	ウイルス対策・スパイウェア対策の状態を確認する	136
		●1 Windowsセキュリティの起動	136
		●2 Windowsセキュリティの設定の確認	138
		●3 ウイルスおよびスパイウェアの定義の更新	139
		●4 スキャンの実行	140
	Step3	Windows UpdateでWindowsを最新の状態にする	142
		●1 Windows Updateとは	142
		●2 更新履歴の表示	143
		●3 アクティブ時間の設定	145

■第7章　Windows 10の設定をカスタマイズしよう　146

	Step1	設定の機能を確認する	147
		●1 《設定》の表示	147
		●2 《設定》の各項目の役割	148
	Step2	プリンターを接続する	149
		●1 プリンターの追加	149
		●2 キューの表示	152
	Step3	デスクトップのデザインを設定する	153
		●1 テーマの設定	153
		●2 デスクトップの背景の設定	155
		●3 色の設定	156
		●4 ロック画面の設定	158
		●5 タスクバーの設定	159
	Step4	画面解像度を設定する	161
		●1 画面解像度とは	161
		●2 画面解像度の設定	162

Step5	文字の大きさとマウスポインターを設定する	163
●1	文字の大きさの設定	163
●2	マウスポインターの設定	164
Step6	電力節約のための設定をする	166
●1	電力の設定	166
●2	省電力の設定	167
Step7	夜間モードを設定する	168
●1	夜間モードの設定	168
Step8	集中モードを設定する	170
●1	集中モードの設定	170
●2	通知を許可するアプリの設定	172

■第8章　知っていると役立つ機能を確認しよう　174

Step1	ディスクの空き領域を増やす	175
●1	ストレージセンサーの利用	175
●2	不要なファイルの削除	177
Step2	ディスク不良を修復する	179
●1	エラーチェック	179
Step3	ディスクを最適化する	181
●1	最適化	181
Step4	応答のないアプリを強制終了する	183
●1	タスクマネージャーとは	183
●2	タスク・CPU・メモリの確認	183
●3	応答しないタスクの終了	185
●4	Windowsの強制終了	186
Step5	パソコンのネットワーク情報を確認する	188
●1	ネットワークとは	188
●2	IPアドレスとMACアドレスの確認	189
Step6	ネットワーク上のフォルダーを共有する	191
●1	共有フォルダーの作成	191
●2	共有フォルダーへのアクセス	193
Step7	ファイルを圧縮・展開する	195
●1	ファイルの圧縮	195
●2	ファイルの展開	197
Step8	アプリをインストールする	199
●1	Microsoft Store	199
●2	アプリのインストール	199

■付録　Windows 7からWindows 10へデータを移行しよう ---- 202

Step1　Windows 7からWindows 10へデータを移行する ………… 203
- ●1　バックアップと復元……………………………………………… 203
- ●2　データの移行手順 ……………………………………………… 203
- ●3　Windows 7のデータのバックアップ ………………………… 204
- ●4　バックアップしたデータをWindows 10で復元 …………… 207

■索引 -- 210

購入特典

本書を購入された方には、次の特典（PDFファイル）をご用意しています。FOM出版のホームページからダウンロードして、ご利用ください。

特典　Windows 10をもっと便利に使いこなそう
- Step1　Windows Inkワークスペースを利用する……………………………… 2
- Step2　Webノートを利用する…………………………………………………… 7
- Step3　Outlook.comを利用してメールを送受信する ……………………… 11
- Step4　OneDriveを利用する…………………………………………………… 20
- Step5　タブレットモードを利用する…………………………………………… 30

【ダウンロード方法】
①次のホームページにアクセスします。

　ホームページ・アドレス

　　https://www.fom.fujitsu.com/goods/eb/

②「Windows 10 May 2019 Update 対応（FPT1908）」の《特典を入手する》を選択します。
③本書の内容に関する質問に回答し、《入力完了》を選択します。
④ファイル名を選択して、ダウンロードします。

本書をご利用いただく前に

本書で学習を進める前に、ご一読ください。

1 本書の記述について

操作の説明のために使用している記号には、次のような意味があります。

記述	意味	例
☐	キーボード上のキーを示します。	[Enter]
☐＋☐	複数のキーを押す操作を示します。	⊞＋Ⅴ (⊞を押しながらⅤを押す)
《　》	ダイアログボックス名やタブ名、項目名など画面の表示を示します。	《保存》をクリックします。
「　」	重要な語句や機能名、画面の表示、入力する文字列などを示します。	「デスクトップ」といいます。 「営業報告書」と入力します。

 知っておくべき重要な内容

 知っていると便利な内容

※ 補足的な内容や注意すべき内容

 マウスによる操作方法

 タッチによる操作方法

 タッチの操作方法

 Windows 10の新機能

 学習した内容の確認問題

 確認問題の答え

2　製品名の記載について

本書では、次の名称を使用しています。

正式名称	本書で使用している名称
Windows 10	Windows 10 または Windows
Windows 8	Windows 8 または Windows
Windows 7	Windows 7 または Windows

3　学習環境について

本書を学習するには、次のソフトウェアが必要です。

```
Windows 10
```

本書を開発した環境は、次のとおりです。
・OS：Windows 10（ビルド18362.175）
・ディスプレイ：画面解像度　1024×768ピクセル

※インターネットに接続できる環境で学習することを前提に記述しています。
※環境によっては、画面の表示が異なる場合や記載の機能が操作できない場合があります。

◆画面解像度の設定

画面解像度を本書と同様に設定する方法は、次のとおりです。
①デスクトップの空き領域を右クリックします。
②《ディスプレイ設定》をクリックします。
③《ディスプレイの解像度》の をクリックし、一覧から《1024×768》を選択します。
※確認メッセージが表示される場合は、《変更の維持》をクリックします。

4　ユーザーアカウントの確認

本書は、「管理者」のユーザーアカウントで実習することを前提にしています。
「標準」のユーザーアカウントでは、次の操作を実習することができません。これらの操作は、管理者の許可が必要になるもの、あるいは、管理者しか実行できないものになります。

ページ番号	標準のユーザーアカウントで実行できない操作
P.50	1　ユーザーアカウントの追加
P.51	POINT　ローカルアカウントの追加
P.51	POINT　ユーザーアカウントの削除
P.179	1　エラーチェック
P.181	Step3　ディスクを最適化する
P.187	STEP UP　Windowsの初期化
P.191	Step6　ネットワーク上のフォルダーを共有する
P.203	Step1　Windows 7からWindows 10へデータを移行する

ユーザーアカウントの種類を確認する方法は、次のとおりです。

①■（スタート）をクリックします。

②⚙（設定）をクリックします。
《設定》が表示されます。

③《アカウント》をクリックします。

④左側の一覧から《ユーザーの情報》を選択します。

⑤ユーザーアカウント名の下に《管理者》であるかどうかが表示されます。

※ユーザーアカウントの種類が「標準」の場合は、表示されません。

※×（閉じる）をクリックし、《設定》を閉じておきましょう。

5　本書の最新情報について

本書に関する最新のQ＆A情報や訂正情報、重要なお知らせなどについては、FOM出版のホームページでご確認ください。

ホームページ・アドレス

https://www.fom.fujitsu.com/goods/

ホームページ検索用キーワード

FOM出版

第1章

Windows 10を
はじめよう

Step1	Windowsについて	5
Step2	マウス操作とタッチ操作	9
Step3	Windows 10を起動する	11
Step4	デスクトップの画面構成	13
Step5	スタートメニューの画面構成	15
Step6	ウィンドウを操作する	18
Step7	複数のウィンドウを操作する	27
Step8	Windows 10を終了する	33
参考学習	パソコンをロックする	37

Step 1 Windowsについて

1 Windowsとは

「Windows」はマイクロソフト社が開発した「OS」です。OSは、パソコンを動かすための基本的な機能を提供するソフトウェアで、ハードウェアとアプリケーションソフトの間を取り持つ役割を果たします。OSにはいくつかの種類がありますが、市販のパソコンのOSとしてはマイクロソフト社のWindowsが最も普及しています。

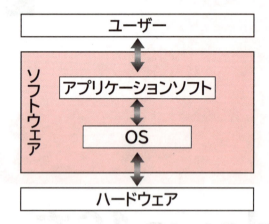

2 Windowsの様々な機能

WindowsはOSとして基本機能を果たすだけでなく、様々なアプリケーションソフトも搭載しており、幅広い用途で利用されています。

1 基本機能の搭載

Windowsは、次のようなOSとしての基本機能を搭載しています。

●ファイル管理

アプリケーションソフトで作成したファイルを管理します。ファイルを移動・コピーしたり、フォルダーごとに分類したりできます。また、ファイルをメディアに書き込んだりメディアから読み込んだりできます。

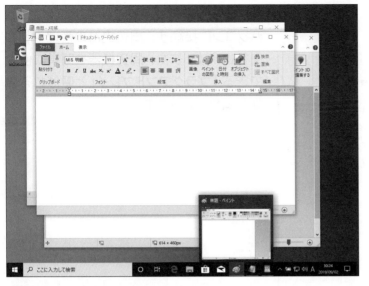

● タスク管理

文書作成ソフトによる文書の作成、ブラウザーによるWebページの閲覧といった様々な**「タスク」**を制御します。

Windowsは、複数のタスクを同時に起動し、それぞれを切り替えながら作業できる**「マルチタスク」**に対応しています。

● ユーザー管理

ユーザーがパソコンを利用できるように、**「ユーザーアカウント」**を管理します。

1台のパソコンを複数のユーザーで利用することもでき、ユーザーごとにユーザーアカウントを登録すると、Windowsの設定を個々に用意できます。

● セキュリティ管理

問題を引き起こすプログラムがネットワークやインターネットを通じて侵入しないように、パソコンを保護するためのセキュリティ機能を搭載しています。

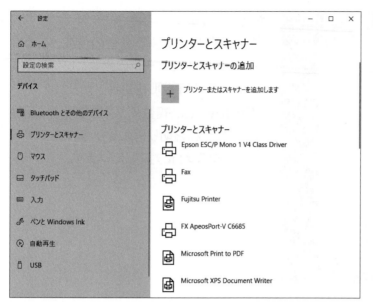

●デバイス管理

パソコンに接続する周辺機器の管理や制御を行います。また、周辺機器を簡単に使用できる**「プラグアンドプレイ」**と呼ばれる機能が備わっています。

●ディスク管理

パソコンに内蔵または外付けされているハードディスクの不良箇所を修復したり、最適な状態を維持したりする機能が備わっています。

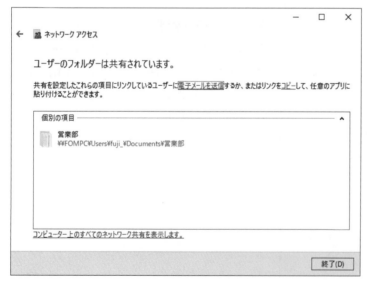

●ネットワーク機能

ネットワークやインターネットの使い方を設定できます。また、プリンターやファイルを共有する際、アクセスを許可したり制限したりできます。

2 アプリケーションソフトの搭載

文書作成・表計算・画像処理といった目的に合わせて使うためのソフトウェアのことを「**アプリケーションソフト**」、「**アプリケーション**」、「**アプリ**」（以下、「**アプリ**」と記載）といいます。
Windowsには、様々な役割を持ったアプリが搭載されています。

用途	代表的なアプリ
インターネットで様々な情報を見る。	Microsoft Edge
メールを送受信する。	Mail
文書を作成する。	ワードパッド
簡単なメモを作成する。	メモ帳
イラストを描く。	ペイント
デジタルカメラやスマートフォンで撮影した写真を表示・加工する。	フォト
ウイルス対策・スパイウェア対策を行う。	Windowsセキュリティ

3 Windows 10とは

Windowsは、時代とともに「**Windows 3.1**」「**Windows 95**」「**Windows 98**」「**Windows Me**」「**Windows XP**」「**Windows Vista**」「**Windows 7**」「**Windows 8**」「**Windows 8.1**」のような製品が提供され、2015年7月に「**Windows 10**」が登場しました。
これまでのWindowsは、2～3年ごとにバージョンアップを繰り返して新しい製品を提供してきましたが、Windows 10は、インターネットに接続されている環境では自動的に機能更新が行われ、常に最新機能が利用できる仕組みになっています。
日本国内で提供される主なWindows 10には、次のようなエディションがあり、ユーザーはパソコンの用途に応じて選べるようになっています。

エディション	説明	提供形態
Windows 10 Home	個人や家庭で楽しく利用したい個人ユーザー向け。	パッケージ プレインストール ダウンロード
Windows 10 Pro	仕事の効率化・リスク回避を計りたい中小企業・個人ユーザー向け。 Windows 10 Homeよりもセキュリティ機能やビジネス向けの機能が充実している。	パッケージ ダウンロード
Windows 10 Enterprise	すべての機能を使いこなしたい企業・上級ユーザー向け。	ライセンス

STEP UP Windows 10 Sモード

「Windows 10 Sモード」とは、Microsoft Storeで公開されているアプリのみを利用できるWindows 10です。
製品単体での販売はなく、パソコンに組み込まれた形でのみ購入できます。

Step2 マウス操作とタッチ操作

1 マウス操作

パソコンは、主に「**マウス**」を使って操作します。マウスは、左ボタンに人さし指を、右ボタンに中指をのせて軽く握ります。机の上などの平らな場所でマウスを動かすと、画面上の (マウスポインター)が動きます。
マウスの基本的な操作方法を確認しましょう。

●ポイント

マウスポインターを操作したい場所に合わせます。

●クリック

マウスの左ボタンを1回押します。

●右クリック

マウスの右ボタンを1回押します。

●ダブルクリック

マウスの左ボタンを続けて2回押します。

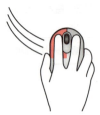

●ドラッグ

マウスの左ボタンを押したまま、マウスを動かします。

> **POINT マウスを動かすコツ**
>
> マウスを上手に動かすコツは、次のとおりです。
> ●マウスをディスプレイに対して垂直に置きます。
> ●マウスが机から出てしまったり物にぶつかったりして、動かせなくなった場合には、いったんマウスを持ち上げて動かせる場所に戻します。マウスを持ち上げている間、画面上のマウスポインターは動きません。

2 タッチ操作

パソコンに接続されているディスプレイがタッチ機能に対応している場合には、マウスの代わりに**「タッチ」**で操作することも可能です。Windows 10には、タッチ機能を前提として開発されたアプリがあるため、画面に表示されているアイコンや文字に直接触れるだけで簡単に操作できます。
タッチの基本的な操作方法を確認しましょう。

●タップ

画面の項目を軽く押します。項目の選択や決定に使います。2回続けてタップすることを**「ダブルタップ」**といいます。
マウス操作の**「クリック」**に相当する操作です。

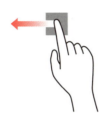

●スライド

画面の項目に指を触れたまま、目的の方向に長く動かします。項目の移動などに使います。
マウス操作の**「ドラッグ」**に相当する操作です。

●スワイプ

指を目的の方向に払うように動かします。画面のスクロールなどに使います。

●ピンチ／ストレッチ

2本の指を使って、指と指の間を広げたり（ストレッチ）、狭めたり（ピンチ）します。画面の拡大・縮小などに使います。

●長押し

画面の項目に指を触れ、枠が表示されるまで長めに押したままにします。項目の詳細やメニューを表示したいときなどに使います。
マウス操作の**「右クリック」**に相当する操作です。

Step 3 Windows 10を起動する

1 Windows 10の起動

パソコンの電源を入れて、Windows 10を操作可能な状態にすることを**「起動」**といいます。Windows 10を起動しましょう。

①電源ボタンを押して、パソコンに電源を入れます。

ロック画面が表示されます。
※パソコン起動時のパスワードを設定していない場合、表示されません。

②🖱クリックします。
　※🖱はマウス操作を表します。
　👆画面を下端から上端にスワイプします。
　※👆は、タッチ操作を表します。

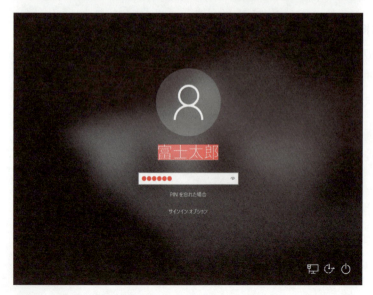

PIN入力画面が表示されます。
※PINを設定せずにパスワードのみ設定している場合は、パスワード入力画面が表示されます。
※PINまたはパスワードを設定していない場合、表示されません。

③自分のユーザー名が表示されていることを確認します。

④PINを入力します。
※入力したPINは「●」で表示されます。
※PINを入力すると、自動的にWindows 10が起動します。
※PINを設定していない場合、パスワードを入力し、→をクリックします。
　👁を押している間、入力したパスワードが表示されます。

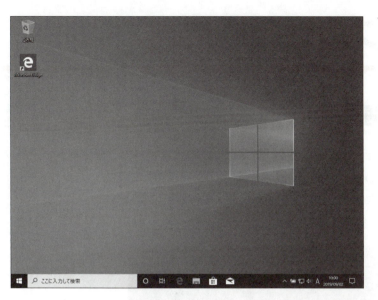

Windowsが起動し、デスクトップが表示されます。

POINT Windows起動時のユーザーアカウントの選択

パソコンに複数のユーザーアカウントが登録されていると、Windows起動時に、登録されているユーザーアカウントが一覧で表示されます。一覧からサインインするユーザーアカウントを選択します。
※ユーザーアカウントの追加については、P.50を参照してください。

STEP UP PINやパスワードの設定

パソコンにPINやパスワードを設定していない場合、ロック画面やパスワード入力画面は表示されません。すぐにデスクトップが表示されます。
PINやパスワードの設定方法は、次のとおりです。

パスワードの設定方法

◆ ■（スタート）→ ⚙（設定）→《アカウント》→左側の一覧から《サインインオプション》を選択→《パスワード》→《追加》→《新しいパスワード》／《パスワードの確認入力》／《パスワードのヒント》を入力→《次へ》→《完了》

PINの設定方法

◆ ■（スタート）→ ⚙（設定）→《アカウント》→左側の一覧から《サインインオプション》を選択→《Windows Hello 暗証番号（PIN）》→《追加》→パスワードを入力→《OK》→《新しいPIN》／《PINの確認》を入力→《OK》
※PINを設定するには、パスワードが設定されている必要があります。

Step4 デスクトップの画面構成

1 デスクトップの画面構成

Windowsを起動すると表示される画面を**「デスクトップ」**といいます。デスクトップは、言葉どおり**「机の上」**を表し、よく使う道具や作業中のデータを置いておいたり、メモ帳や電卓といったパソコンの中にあるアプリを操作したりする場所になります。
デスクトップの各部の名称と役割を確認しましょう。

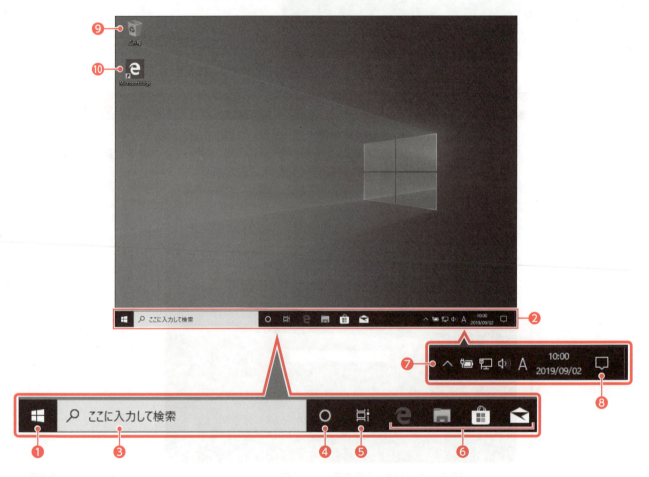

❶ ▦ （スタート）
クリックするとスタートメニューが表示されます。アプリを起動したり、パソコンの設定を変更したりするときに使います。

❷ タスクバー
起動しているアプリや開いているフォルダーが表示されます。作業中の仕事（タスク）を確認できる領域です。

❸ 検索ボックス
インターネット検索、ファイル検索などを行うときに使います。この領域に調べたい内容のキーワードを入力すると、検索結果が表示されます。

❹ Cortanaに話しかける
マイクを使って音声で話しかけると、問いかけに対してパソコンが答えを返してくれます。

❺ ▢ （タスクビュー）
現在起動しているアプリが一覧で表示されます。複数のアプリを同時に起動している場合は、作業対象のアプリを切り替えられます。また、過去に使用したファイルやアクセスしたWebページの履歴がタイムラインとして表示されます。
※ ▢ をポイントすると、▢ に変わります。

❻ **タスクバーにピン留めされたアプリ**
タスクバーに登録されているアプリを表します。この領域にアプリを登録しておくと、アイコンをクリックするだけで起動できるようになります。
初期の設定では、 (Microsoft Edge)、 (エクスプローラー)、 (Microsoft Store)、 (Mail) が登録されています。

❼ **通知領域**
インターネットの接続状況やスピーカーの設定状況などを表すアイコンや、現在の日付と時刻などが表示されます。また、Windowsからユーザーにお知らせがある場合、この領域に通知メッセージが表示されます。

❽ **(通知)**
クリックするとアクションセンターが表示され、通知メッセージの詳細を確認できます。

❾ **(ごみ箱)**
不要になったフォルダーやファイルを削除した場合、それらを一時的に保管する場所です。ごみ箱から削除すると、パソコンから完全に削除されます。アイコンをダブルクリックすると、ごみ箱が開き、中に入っているフォルダーやファイルを確認できます。

❿ **(Microsoft Edge)**
「Microsoft Edge」のショートカットキーです。ダブルクリックするとMicrosoft Edgeが起動し、Webページを閲覧できます。

POINT アイコン

アプリやファイルなどを表す絵文字のことを「アイコン」といいます。アイコンは見た目にわかりやすくデザインされています。

STEP UP アクションセンター

「アクションセンター」は、通知領域の (通知)をクリックすると表示されます。アクションセンターでは通知メッセージを確認するだけでなく、パソコンの設定を変更したり、タブレットモードや機内モードに切り替えたりすることもできます。
※通知メッセージがある場合、 は に変わります。表示される数字は通知メッセージの件数です。

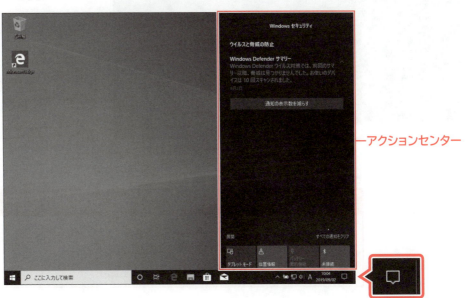
アクションセンター

Step 5 スタートメニューの画面構成

1 スタートメニューの表示

デスクトップの ⊞ (スタート) をクリックすると、**「スタートメニュー」**が表示されます。ここから目的に応じてアプリを選択します。
スタートメニューを表示しましょう。

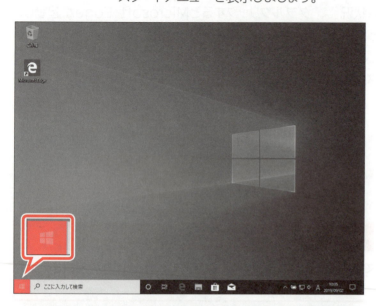

① ⊞ (スタート) をクリックします。

スタートメニューが表示されます。

STEP UP その他の方法
（スタートメニューの表示）

◆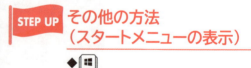

POINT スタートメニューの表示の解除

スタートメニューの表示を解除する方法は、次のとおりです。
◆ [Esc]
◆ スタートメニュー以外の場所をクリック

2 スタートメニューの画面構成

スタートメニューの各部の名称と役割を確認しましょう。

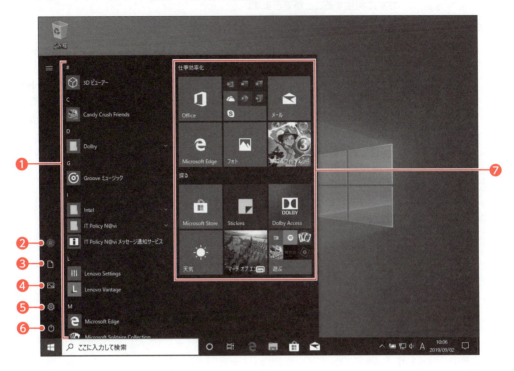

❶**すべてのアプリ**
パソコンに搭載されているアプリの一覧を表示します。
アプリは上から**「数字や記号」「アルファベット」「ひらがな」**の順番に並んでいます。

❷ （ユーザー名）
ポイントすると、現在作業しているユーザーの名前が表示されます。

❸ （ドキュメント）
一般的なファイルの保存先として用意されているフォルダー**「ドキュメント」**が表示されます。

❹ （ピクチャ）
写真ファイルの保存先として用意されているフォルダー**「ピクチャ」**が表示されます。

❺ （設定）
パソコンの設定を行うときに使います。

❻ （電源）
Windowsを終了してパソコンの電源を切ったり、Windowsを再起動したりするときに使います。

❼**スタートメニューにピン留めされたアプリ**
スタートメニューに登録されているアプリがタイルで表示されます。この領域にアプリを登録しておくと、アイコンをクリックするだけで起動できるようになります。タイルの中には、天気やニュースのように最新の情報が表示されるものもあります。このようなタイルを**「ライブタイル」**といいます。

STEP UP デスクトップアプリとストアアプリ

Windows 10に搭載されているアプリには、「デスクトップアプリ」と「ストアアプリ」があります。どちらのアプリもスタートメニューのすべてのアプリの一覧に表示されるため、違いをほとんど意識せずに利用することができます。

●デスクトップアプリ

パソコンで利用することを前提に開発されたアプリです。
例）Windowsアクセサリ
Windowsにあらかじめ用意されているアプリです。文書作成ソフトの「ワードパッド」や画像編集ソフトの「ペイント」、テキストエディターの「メモ帳」など、手軽に利用できる簡易アプリがあります。そのほかのデスクトップアプリは、メーカーなどのWebサイトやパッケージからインストールできます。

●ストアアプリ

パソコンだけでなく、タブレットやスマートフォンなどでも利用しやすいように、ウィンドウのサイズに合わせて画面のレイアウトが切り替わるアプリです。また、タッチ操作に優れていますが、マウス操作にも対応しています。ストアアプリは、Microsoft Storeからインストールできます。
例）Microsoft Store
Windows 10に対応したストアアプリをインターネットから入手できます。有料・無料のアプリがあります。

New! Windows 10 新機能

ストアアプリは、Windows 8から新しく導入されたアプリです。Windows 8では全画面で表示され、ウィンドウのサイズを変更できませんでしたが、Windows 10では自由に変更できるようになりました。

Step 6 ウィンドウを操作する

1 アプリの起動

Windows上で動作するアプリは、 ⊞ (スタート) から起動するのが基本です。
Windowsに標準で搭載されているテキストエディター**「メモ帳」**を使って、ウィンドウの操作について確認しましょう。
メモ帳を起動しましょう。

① ⊞ (スタート) をクリックします。

スタートメニューが表示されます。
② スクロールバー内のボックスをドラッグして《W》を表示します。
※スクロールバーが表示されていない場合は、スタートメニュー内をポイントします。
③ 《Windowsアクセサリ》をクリックします。

《Windowsアクセサリ》の一覧が表示されます。
④ 《メモ帳》をクリックします。

メモ帳が起動し、《メモ帳》ウィンドウが表示されます。

⑤タスクバーにメモ帳のアイコンが表示され、起動していることを表すバーがアイコンの下に表示されていることを確認します。

POINT 目的のアプリの表示方法

アプリの一覧に表示されているアプリを区切る頭文字をクリックすると、頭文字のみが一覧で表示されます。目的のアプリの頭文字をクリックすると、その文字で始まるアプリを表示できます。

※《Windowsアクセサリ》のように、フォルダーにまとめられているアプリは表示できません。アプリをまとめているフォルダーをクリックし、アプリを表示します。

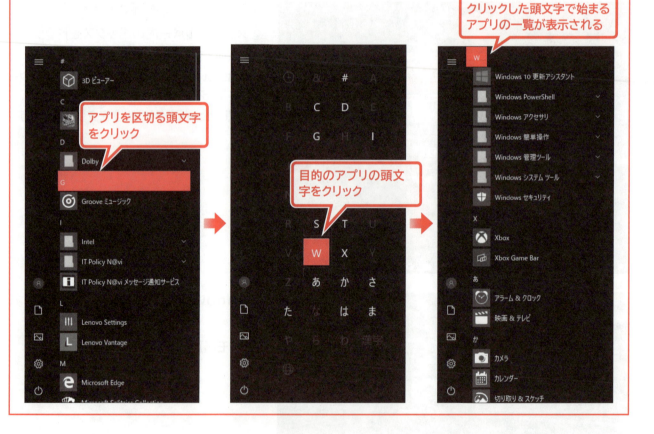

2 ウィンドウの画面構成

起動したアプリは、「**ウィンドウ**」と呼ばれる四角い枠で表現されます。デスクトップの上で動作するアプリの作業は、すべてこの窓のような枠の中で行います。
ウィンドウ内の作業領域はアプリによって様々ですが、最も基本的な部品や操作方法は共通しています。
メモ帳の画面構成を例に、ウィンドウの各部の名称と役割を確認しましょう。

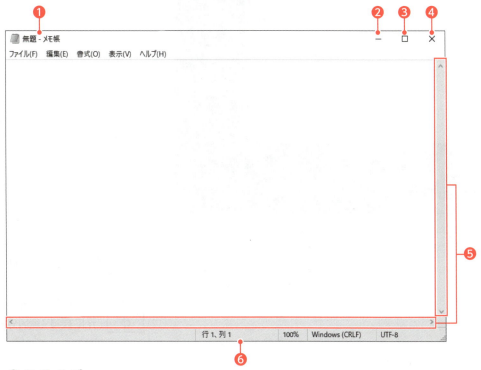

❶タイトルバー

アプリやファイルの名前が表示されます。

❷ ― （最小化）

クリックすると、ウィンドウが一時的に非表示になります。

❸ □ （最大化）

クリックすると、ウィンドウが画面全体に表示されます。
※ウィンドウを最大化すると、 □ （最大化）は ⛶ （元に戻す（縮小））に切り替わります。 ⛶ （元に戻す（縮小））は、最大化したウィンドウをもとのサイズに戻すときに使います。

❹ × （閉じる）

クリックすると、ウィンドウが閉じられ、アプリが終了します。

❺スクロールバー

画面上に表示されていない作業領域がある場合、スクロールバー内にボックスが表示されます。
ボックスをドラッグすると、表示されていない作業領域を表示できます。
∧ ∨ < > をクリックすると、作業領域の表示部分を上下左右に移動できます。
※メモ帳は作業領域がすべて表示されているため、スクロールバーは表示されません。

❻ウィンドウの境界線

ドラッグすると、ウィンドウのサイズが変更されます。

3 ウィンドウの最大化

ウィンドウを画面全体に表示することを**「最大化」**といいます。
メモ帳のウィンドウを最大化して、画面全体に表示しましょう。

① ロ (最大化) をクリックします。

ウィンドウが画面全体に表示されます。
※ ロ (最大化)が ロ (元に戻す(縮小))に切り替わります。
ウィンドウをもとのサイズに戻します。

② ロ (元に戻す(縮小))をクリックします。

ウィンドウがもとのサイズに戻ります。
※ ロ (元に戻す(縮小))が ロ (最大化)に切り替わります。

> **STEP UP** その他の方法
> （ウィンドウの最大化）
>
> ◆

4 ウィンドウの最小化

アプリを起動したまま、ウィンドウを一時的に非表示にすることを「**最小化**」といいます。
メモ帳のウィンドウを最小化して、一時的に非表示にしましょう。

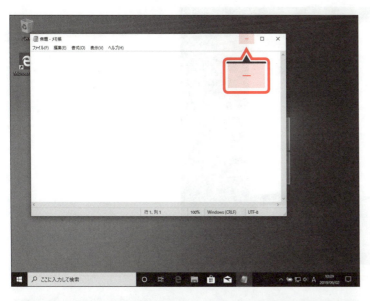

①　－　（最小化）をクリックします。

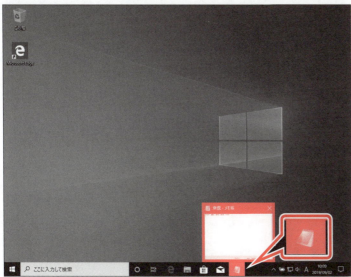

ウィンドウが最小化されます。
②タスクバーにメモ帳のアイコンが表示されていることを確認します。
※ウィンドウを最小化しても、アプリは起動しています。
ウィンドウを再表示します。
③タスクバーのメモ帳のアイコンをポイントします。
《**メモ帳**》のサムネイルプレビューが表示されます。
④タスクバーのメモ帳のアイコンをクリックします。

ウィンドウが再表示されます。

> **STEP UP** その他の方法
> （ウィンドウの最小化）
>
> ◆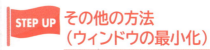
> ※ウィンドウを最大化している場合は、ウィンドウがもとのサイズに戻ります。

POINT フルスクリーンプレビュー

ウィンドウを最小化しているときタスクバーのアイコンをポイントすると、アプリの「サムネイルプレビュー」が表示されます。サムネイルプレビューをポイントすると、デスクトップに「フルスクリーンプレビュー」が表示され、ウィンドウを最小化したままの状態で内容を確認できます。

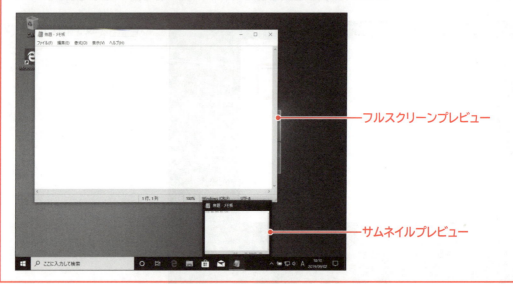

フルスクリーンプレビュー

サムネイルプレビュー

5 ウィンドウの移動

ウィンドウのタイトルバーをドラッグすると、ウィンドウを移動できます。
メモ帳のウィンドウを移動しましょう。

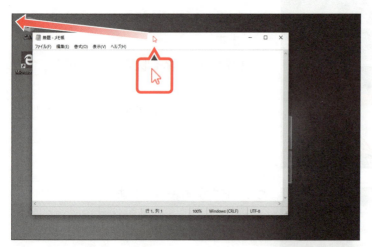

①図のように、タイトルバーをドラッグします。

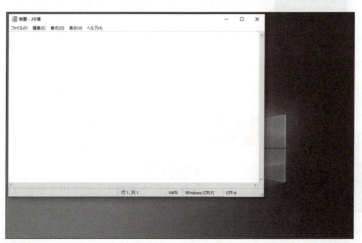

ウィンドウが移動します。

※マウスから指を離した時点で、ウィンドウの位置が確定されます。

6 ウィンドウのサイズ変更

ウィンドウの周囲の境界線をポイントすると、マウスポインターの形が⇔⇕↖↗に変わります。この状態のときにドラッグすると、ウィンドウのサイズを拡大したり縮小したりできます。
メモ帳のウィンドウのサイズを変更しましょう。

①ウィンドウの右下の境界線をポイントします。マウスポインターの形が↖に変わります。
②図のようにドラッグします。

ウィンドウのサイズが変更されます。
※マウスから指を離した時点で、ウィンドウのサイズが確定されます。

POINT ウィンドウの境界線とマウスポインターの形

ウィンドウの境界線をポイントすると、マウスポインターの形が次のように変わります。それぞれドラッグすると、ウィンドウを任意のサイズに変更できます。

ポイントする位置	マウスポインターの形	説明
左右の境界線	⇔	ウィンドウを横方向に拡大・縮小できる。
上下の境界線	⇕	ウィンドウを縦方向に拡大・縮小できる。
四隅	↖ または ↗	ウィンドウの縦横を一度に拡大・縮小できる。

STEP UP タイトルバーを使ったウィンドウのサイズ変更

ウィンドウのタイトルバーをドラッグして、ウィンドウのサイズを変更する「スナップ機能」があります。
もとのサイズに戻す場合は、再度、画面の中央にウィンドウをドラッグします。

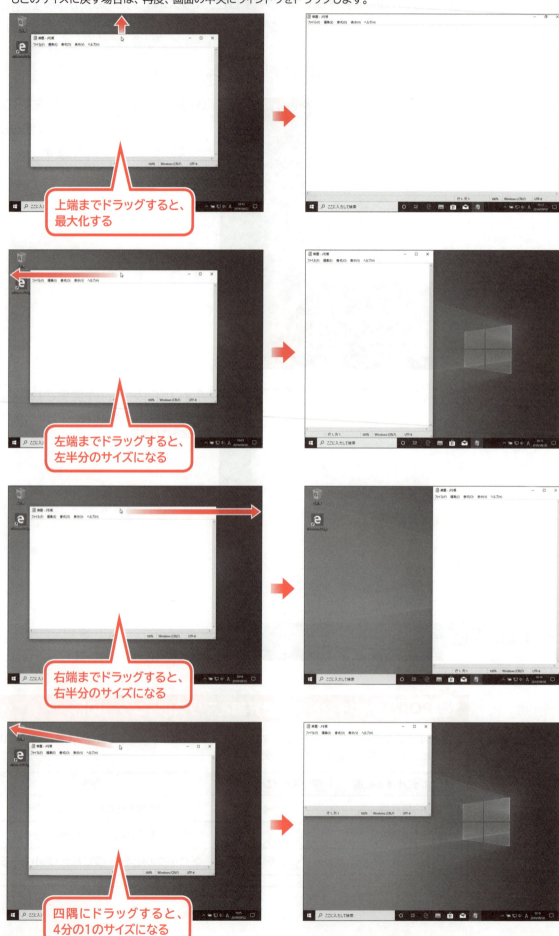

7 アプリの終了

アプリを終了するには、ウィンドウを閉じます。
メモ帳のウィンドウを閉じて、メモ帳を終了しましょう。

①　×　(閉じる)をクリックします。

ウィンドウが閉じられ、メモ帳が終了します。
②タスクバーからメモ帳のアイコンが消えていることを確認します。

STEP UP　その他の方法（アプリの終了）

◆ [Alt] + [F4]

POINT　－ (最小化) と × (閉じる) の違い

－ (最小化)をクリックすると、一時的にウィンドウが非表示になります。アプリは起動したままの状態のため、タスクバーのアイコンをクリックすれば、ウィンドウをすぐにもとの表示に戻せます。
× (閉じる)をクリックすると、ウィンドウが閉じられるだけでなくアプリも終了します。タスクバーからアイコンも消えます。
ほかの作業の邪魔にならないように作業を一時中断する場合は － (最小化)、作業を終了する場合は × (閉じる)を使います。

Step 7 複数のウィンドウを操作する

1 複数のアプリの起動

Windowsでは、複数のアプリを起動し、ウィンドウを切り替えながら作業することができます。このとき、1つのウィンドウ上で行われる作業を**「タスク」**といい、同時に複数のタスクを行うことを**「マルチタスク」**といいます。
アプリを起動すると、タスクバーにアイコンが表示され、起動しているアプリが確認できます。
ペイント、メモ帳、ワードパッドの3つのアプリを起動しましょう。

①ペイントを起動します。
※ ⊞ (スタート)→《Windowsアクセサリ》→《ペイント》をクリックします。
②タスクバーに が表示されていることを確認します。

③メモ帳を起動します。
※ ⊞ (スタート)→《Windowsアクセサリ》→《メモ帳》をクリックします。
ペイントの前面にメモ帳が表示されます。
④タスクバーに が表示されていることを確認します。
※表示されていない場合は、タスクバーの ∨ をクリックします。
※ウィンドウのサイズが大きい場合は、操作しやすい大きさに調整しておきましょう。

⑤ワードパッドを起動します。

※ ⊞（スタート）→《Windowsアクセサリ》→《ワードパッド》をクリックします。

メモ帳の前面にワードパッドが表示されます。

⑥タスクバーに ▣ が表示されていることを確認します。

> **POINT　タスクバーのアイコンの表示**
>
> 複数のアプリを起動すると、タスクバーにアイコンが表示しきれず、⌃が表示される場合があります。⌄または⌃をクリックすると、タスクバーの表示部分を切り替えられます。

2　タスクバーによるタスクの切り替え

複数のウィンドウを表示している場合、タスクを切り替えて作業対象のウィンドウを前面に表示します。作業対象のウィンドウを**「アクティブウィンドウ」**といいます。

タスクバーのアイコンを使って、タスクを切り替えましょう。

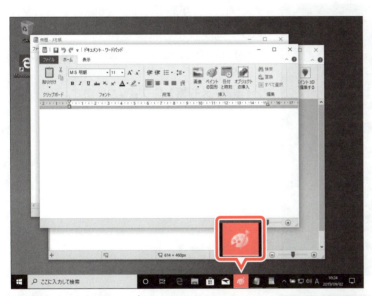

①タスクバーの 🎨 をクリックします。

※表示されていない場合は、タスクバーの⌄または⌃をクリックして調整します。

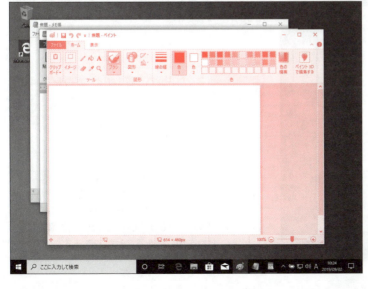

ペイントがアクティブウィンドウになり、前面に表示されます。

※タスクバーの ▣ と ▣ をクリックし、タスクが切り替えられることを確認しておきましょう。

28

3 タスクビューによるタスクの切り替え

タスクビューを使うと、現在起動しているタスクを一覧表示して、作業対象のウィンドウを切り替えることができます。
タスクビューを使って、タスクを切り替えましょう。

①タスクバーの ▯ （タスクビュー）をクリックします。
※ ▯ をポイントすると、▯ に変わります。

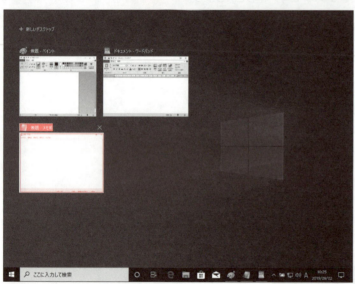

タスクビューが表示され、起動しているタスクの一覧が表示されます。
※お使いのパソコンによって、表示される内容は異なります。

②《無題-メモ帳》をクリックします。

メモ帳がアクティブウィンドウになり、前面に表示されます。

STEP UP その他の方法（タスクビューによるタスクの切り替え）

◆ 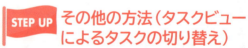 ＋ Tab →タスクを選択

New! Windows 10 新機能

タスクビューを使うと、タッチ対応のパソコンやタブレットを使っている場合に、効率的にウィンドウを切り替えることができます。

4 キー操作によるタスクの切り替え

キーボードのキーを使って、作業対象のウィンドウを切り替えることができます。
キー操作でタスクを切り替えましょう
※キーボードがないデバイスでは操作できません。

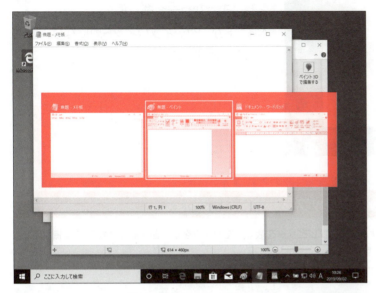

① [Alt]を押したまま、[Tab]を押します。
※[Alt]は押したままにしておきます。
画面の中央にウィンドウのサムネイルプレビューが表示されます。
※パソコンの設定や仕様によって、サムネイルプレビューが表示されない場合があります。

② [Alt]を押したまま、何回か[Tab]を押します。
[Tab]を押すごとに、選択対象が順番に移動します。
③ ワードパッドのサムネイルプレビューが選択されたら、キーから手を離します。

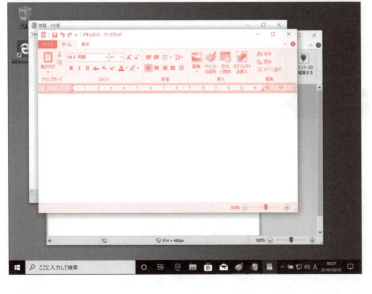

ワードパッドがアクティブウィンドウになり、最前面に表示されます。

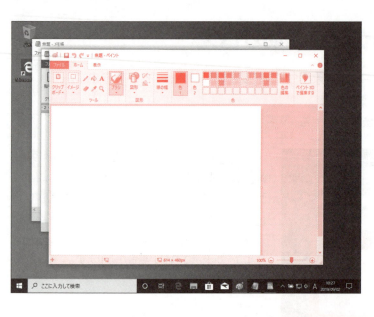

④ [Alt]を押したまま、何回か[Esc]を押します。

[Esc]を押すごとに、アクティブウィンドウが順番に切り替わります。

⑤ペイントがアクティブウィンドウになったら、キーから手を離します。

ペイントがアクティブウィンドウになり、最前面に表示されます。

> **POINT** Windowsフリップ
>
> [Alt]+[Tab]でウィンドウのサムネイルプレビューを表示してタスクを切り替えることができる機能を「Windowsフリップ」といいます。

5 ウィンドウの非表示

起動しているすべてのアプリのウィンドウをまとめて一時的に最小化し、非表示にすることができます。

3つのウィンドウを一時的に最小化し、デスクトップを表示しましょう。

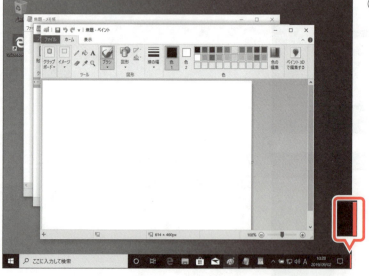

①タスクバーの右端の┃をクリックします。

3つのウィンドウが最小化され、デスクトップが表示されます。

②タスクバーの右端の▮をクリックします。

もとの表示に戻ります。

※ ✕ (閉じる)をクリックし、すべてのアプリを終了しておきましょう。

POINT ほかのウィンドウの最小化

複数のウィンドウが表示されている場合に、アクティブウィンドウ以外のウィンドウを簡単に最小化し、非表示にすることができます。
アクティブウィンドウのタイトルバーを左右に振るようにドラッグすると、ほかのウィンドウは最小化され、非表示になります。同様の操作を繰り返すと、もとの表示に戻ります。

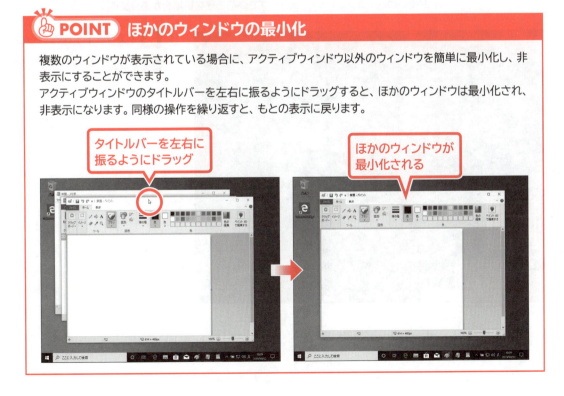

Step8 Windows 10を終了する

1 スリープとシャットダウン

パソコンで作業を開始することを「**起動**」というのに対して、作業を終えることを「**終了**」といいます。
Windows 10を終了する方法には、「**スリープ**」と「**シャットダウン**」があります。
スリープとシャットダウンには、次のような違いがあります。

●スリープ

「**スリープ**」で終了すると、パソコンが省電力状態になります。スリープ状態になる直前の作業状態が保存されるため、アプリが起動中でもかまいません。
スリープ状態を解除すると、保存されていた作業状態に戻るので、作業をすぐに再開できます。パソコンがスリープの間、作業中の状態を保持するための微量の電力が消費されます。

●シャットダウン

「**シャットダウン**」で終了すると、パソコンの電源が完全に切断されます。電源が切断されると作業状態が失われるため、保存しておきたいデータは保存してからシャットダウンします。
次にパソコンを使うときには、パソコンに電源を入れ、Windowsを始めから起動するため、作業再開までに時間がかかります。

2 スリープで終了する

パソコンをスリープ状態にしましょう。
※お使いのパソコンによって、スリープで終了できない場合があります。

① ■ (スタート) をクリックします。
② ⏻ (電源) をクリックします。

③《スリープ》をクリックします。
パソコンがスリープ状態になります。

> **STEP UP** その他の方法（スリープで終了する）
>
> ◆ ⊞（スタート）を右クリック→《シャットダウンまたはサインアウト》→《スリープ》

> **STEP UP** 自動的にスリープになる場合
>
> パソコンの設定によっては、一定時間操作しないと自動的にスリープ状態になる場合があります。また、ノートパソコンでは、ディスプレイを閉じるとスリープ状態になることもあります。

3　スリープ状態の解除

次のような操作を行うと、スリープ状態を解除できます。

●パソコン本体の電源ボタンを押す
●キーボードのキーを押す
●マウスを動かす

※お使いのパソコンによって、操作方法が異なる場合があります。

スリープ状態を解除し、作業を再開しましょう。

①パソコン本体の電源ボタンを押します。
※電源ボタンを長く押し続けると、パソコンの電源が切断されてしまうので注意しましょう。

スリープ状態が解除され、ロック画面が表示されます。

② クリックします。

　画面を下端から上端にスライドします。

PIN入力画面が表示されます。

※PINを設定せずにパスワードのみ設定している場合は、パスワード入力画面が表示されます。
※PINまたはパスワードを設定していない場合、表示されません。

③自分のユーザー名が表示されていることを確認します。

④PINを入力します。

※入力したPINは「●」で表示されます。
※PINを入力すると、自動的にデスクトップが表示されます。
※PINを設定していない場合、パスワードを入力し、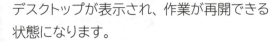をクリックします。
　を押している間、入力したパスワードが表示されます。

デスクトップが表示され、作業が再開できる状態になります。

※スタートメニューが表示されている場合は、非表示にしておきましょう。

4 シャットダウンで終了する

シャットダウンでパソコンの電源を完全に切断しましょう。

① ⊞（スタート）をクリックします。
② ⏻（電源）をクリックします。

③《シャットダウン》をクリックします。
Windowsが終了し、パソコンの電源が切断されます。
※電源を入れてWindows 10を起動しておきましょう。

STEP UP その他の方法（シャットダウンで終了する）

◆ ⊞（スタート）を右クリック→《シャットダウンまたはサインアウト》→《シャットダウン》

POINT 再起動

パソコンをいったん終了してから、パソコンを起動しなおすことを「再起動」といいます。
Windows 10の設定を変更したときや、新しいアプリをインストールしたときなどは、パソコンの再起動が必要な場合があります。再起動すると、Windows 10の終了後に自動的に電源が入ります。
再起動する方法は、次のとおりです。
◆ ⊞（スタート）→ ⏻（電源）→《再起動》

参考学習　**パソコンをロックする**

1　ロック

パソコンを「**ロック**」すると、作業中の状態をそのままにしておくことができ、ロックを解除した時点で作業を再開できます。

ロックはパソコンから一時的に離れる場合に、ほかのユーザーに勝手に操作されることを防ぐために利用します。そのため、ロックを利用するには、ユーザーアカウントにパスワードを設定しておく必要があります。パスワードを設定していない場合、ほかのユーザーでもパソコンを操作できてしまい、ロックした意味がなくなってしまいます。

パソコンをロックするには、**Ctrl**＋**Alt**＋**Delete**を押します。

Windowsアクセサリの電卓を使って、アプリの操作中にパソコンをロックしましょう。

電卓を起動し、計算中の状態にします。
①電卓を起動します。
※ ⊞（スタート）→《電卓》をクリックします。
《**電卓**》が表示されます。
②電卓上の《**3**》をクリックします。
③電卓上の《**+**》をクリックします。
④電卓上の《**5**》をクリックします。
操作中の状態からロックの状態にします。
⑤**Ctrl**＋**Alt**＋**Delete**を押します。

⑥《**ロック**》をクリックします。

ロックされ、ロック画面が表示されます。

> **STEP UP　その他の方法（ロック）**
>
> ◆ ⊞ （スタート）→ 👤 （《ユーザー名》）
> →《ロック》

2　ロックの解除

ロックを解除して作業を再開するには、パスワードを入力します。
ロックを解除しましょう。

①ロック画面が表示されていることを確認します。
②🖱クリックします。
　👆画面を下端から上端にスライドします。

ロックしたユーザーアカウントのPIN入力画面になります。
※PINを設定せずにパスワードのみ設定している場合は、パスワード入力画面が表示されます。
※PINまたはパスワードを設定していない場合、表示されません。

③自分のユーザー名が表示されていることを確認します。
④PINを入力します。
※入力したPINは「●」で表示されます。
※PINを入力すると、自動的にデスクトップが表示されます。
※PINを設定していない場合、パスワードを入力し、→をクリックします。
　👁を押している間、入力したパスワードが表示されます。

操作中の状態のデスクトップが表示されます。

⑤電卓上の《=》をクリックします。

⑥計算結果が表示されることを確認します。

※ ×（閉じる）をクリックし、電卓を終了しておきましょう。

> **POINT** 動的ロック
>
> 作業中のパソコンとペアリング（接続）したスマートフォンなどのデバイスを使って、パソコンから離れると、パソコンに自動的にロックをかける機能を「動的ロック」といいます。
> 動的ロックを利用するには、作業中のパソコンと普段使っているスマートフォンをBluetoothでペアリングしておく必要があります。ちょっとした用事で離れたときにも自動的にロックがかかるので、安心して用事を済ませることができます。
> ※Bluetoothに対応していないパソコンの場合、動的ロックは利用できません。
>
> 動的ロックを設定する方法は、次のとおりです。
>
> ◆ ⊞（スタート）→ ⚙（設定）→《アカウント》→左側の一覧から《サインインオプション》を選択→《☑ その場にいないときにWindowsでデバイスを自動的にロックすることを許可する》
>
>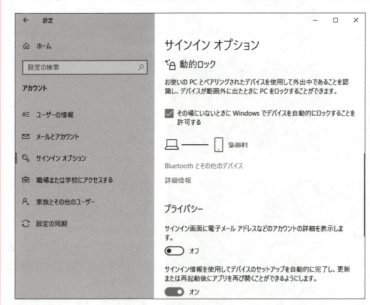
>
> パソコンとスマートフォンをペアリングする方法は、次のとおりです。
>
> ◆ ⊞（スタート）→ ⚙（設定）→《デバイス》→左側の一覧から《Bluetoothとその他のデバイス》を選択→《Bluetooth》を《オン》にする→《Bluetoothまたはその他のデバイスを追加する》→《Bluetooth》→追加するデバイスを選択→《接続》

第2章

ユーザーアカウントを管理しよう

Step1	ユーザーアカウントについて	41
Step2	ユーザーアカウントを設定する	43
Step3	ユーザーアカウントを追加する	50

Step1 ユーザーアカウントについて

1 ユーザーアカウントとは

「ユーザーアカウント」とは、ユーザー名やパスワードなど、パソコンがユーザーを識別する情報のことです。

1台のパソコンを複数のユーザーで利用する場合、それぞれにユーザーアカウントを作成しておくと、ユーザーごとにスタート画面やデスクトップなどの異なる環境が用意されます。ユーザーごとに使いやすい環境を設定でき、プライバシーを守ることもできます。

●富士太郎

デスクトップ

ドキュメント

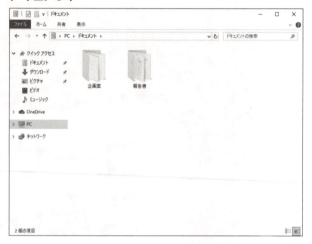

●鈴木花子

デスクトップ

ドキュメント

第2章 ユーザーアカウントを管理しよう

2 Microsoftアカウントとローカルアカウント

Windowsを利用するには、ユーザーアカウントをパソコンに設定する必要があります。Windows 10に設定できるユーザーアカウントには、「**Microsoftアカウント**」と「**ローカルアカウント**」の2種類があります。

●Microsoftアカウント
Windowsの一部の機能やマイクロソフト社がインターネット上で提供する各種サービスを利用する場合に必要となるユーザーアカウントです。Microsoftアカウントは、普段使っているメールアドレスをユーザー名として使用します。

●ローカルアカウント
登録を行ったパソコンのみで利用できるユーザーアカウントです。
Windowsの一部の機能やマイクロソフト社がインターネット上で提供する各種サービスを利用する場合は、その都度、Microsoftアカウントの入力を求められます。

> **STEP UP　Microsoftアカウントの取得**
>
> Microsoftアカウントは、メールアドレスとパスワードを組み合わせたもので、誰でも無料で取得できます。購入したパソコンを最初にセットアップする際、Microsoftアカウントのサインインが要求されるので、セットアップしながらMicrosoftアカウントを取得することができます。セットアップ時以外にMicrosoftアカウントを取得するには、次のマイクロソフト社のWebページから行います。
>
> https://account.microsoft.com/

> **New! Windows 10 新機能**
>
> Windows 10では、パソコンを利用するユーザーアカウントに「Microsoftアカウント」を設定できるようになりました。Microsoftアカウントを使うと、1つのユーザーアカウントで複数のパソコンを利用し、個人設定や保存したファイルなどを共有することができます。

3 ユーザーアカウントの種類

ユーザーアカウントには、「**管理者**」と「**標準**」の2種類があり、それぞれ実行できる操作の権限が異なります。

●管理者
パソコンのすべての操作が実行できるユーザーアカウントです。
アプリをインストール・アンインストールするなど、ほかのユーザーに影響する設定を行うことができます。Windows 10では、最初に登録されたユーザーが管理者になります。

●標準
管理者以外がパソコンを利用するためのユーザーアカウントです。
アプリを利用したり、作成したデータを保存したりするなど、パソコンを利用することができます。ユーザーアカウントを追加したり、アプリをインストール・アンインストールしたりするなど、ほかのユーザーに影響する設定は行うことができません。

> **STEP UP　管理者と標準の使い分け**
>
> 1台のパソコンに複数の管理者が存在すると、パソコンを管理する際に混乱が起きる可能性があります。通常は、1台のパソコンに対して管理者は1名だけにし、それ以外のユーザーは標準にします。

Step2 ユーザーアカウントを設定する

1 サインインとは

Windowsは、パソコンを操作するユーザーを認識したうえで動作しています。そのため、誰が操作しているかがとても重要です。ユーザーがWindowsの正規のユーザーであることを証明し、パソコンの利用を開始することを**「サインイン」**といいます。

POINT サインアウト

現在サインインしているユーザーでのパソコンの作業を終了することを「サインアウト」といいます。サインアウトすると、実行中のアプリは終了され、ロック画面が表示されます。
サインアウトする方法は、次のとおりです。
◆ ⊞（スタート）→ 🙂（《ユーザー名》）→《サインアウト》

2 ユーザーアカウントの確認

パソコンを購入後初めて電源を入れると、対話形式でコンピューター名やユーザーアカウントを設定する画面が表示されます。その画面で設定したユーザーアカウントがパソコンの管理者となり、パソコンを利用できるようになります。
現在、パソコンに設定されているユーザーアカウントを確認しましょう。

※本書では、管理者としてMicrosoftアカウント（ユーザー名「富士太郎」）でサインインしている環境を前提に解説しています。

① ⊞（スタート）をクリックします。
② ⚙（設定）をクリックします。

《設定》が表示されます。
③《アカウント》をクリックします。

《アカウント》が表示されます。
④ 左側の一覧から《ユーザーの情報》を選択します。

現在使用しているユーザー名やメールアドレス、ユーザーアカウントの種類などの情報が表示されます。

※ローカルアカウントの場合は《ローカルアカウント》、Microsoftアカウントの場合は登録したメールアドレスが表示されます。
※ユーザーアカウントの種類は、管理者の場合のみ「管理者」と表示されます。

STEP UP 画像の設定

ユーザーアカウントを作成したあと、ユーザーを表す画像を設定できます。画像を設定しておくと、Windowsを起動する際のパスワードを入力する画面やスタートメニューの画面などに表示され、自分のアカウントであることがわかりやすくなります。

◆ ⊞ （スタート）→ ⚙ （設定）→《アカウント》→左側の一覧から《ユーザーの情報》を選択→《カメラ》／《参照》で画像を設定

STEP UP Microsoftアカウントとローカルアカウントの切り替え

ユーザーアカウントは、あとからMicrosoftアカウントをローカルアカウントに切り替えたり、ローカルアカウントをMicrosoftアカウントに切り替えたりすることができます。

●Microsoftアカウントからローカルアカウントに切り替え

Microsoftアカウントからローカルアカウントに切り替える方法は、次のとおりです。

◆ ⊞ （スタート）→ ⚙ （設定）→《アカウント》→左側の一覧から《ユーザーの情報》を選択→《ローカルアカウントでのサインインに切り替える》→画面の指示に従って設定

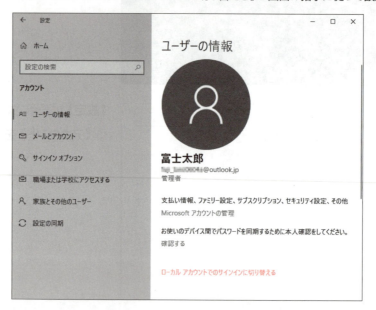

●ローカルアカウントからMicrosoftアカウントに切り替え

ローカルアカウントからMicrosoftアカウントに切り替える方法は、次のとおりです。

◆ ⊞ （スタート）→ ⚙ （設定）→《アカウント》→左側の一覧から《ユーザーの情報》を選択→《Microsoftアカウントでのサインインに切り替える》→画面の指示に従って設定

3 パスワードの変更

パスワードは、名前や生年月日、電話番号など、本人から簡単に推測されるようなものは使用せず、英字や数字、記号など、様々な文字を組み合わせて作ります。パスワードを設定しておくと、パスワードを知っているユーザーしかパソコンを操作できないので、セキュリティ面で安全性が高くなります。適切なパスワードであれば、パソコンをより安全な状態に保つことができます。
パスワードを変更しましょう。
※本書では、あらかじめパスワードが設定されていることを前提として実習しています。

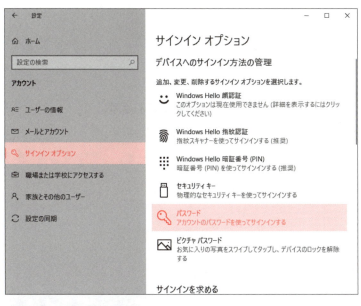

①《アカウント》が表示されていることを確認します。
②左側の一覧から《サインインオプション》を選択します。
③《パスワード》をクリックします。

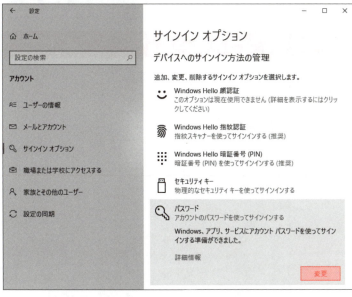

④《変更》をクリックします。

《ユーザーを確認しています》が表示されます。
※《ご本人確認のお願い》が表示された場合は、画面の指示に従って、本人確認をしてください。
⑤PINを入力します。
※PINを入力すると、自動的に画面が変わります。
※PINを設定していない場合、《パスワードの入力》が表示されます。パスワードを入力して《サインイン》をクリックします。

《パスワードの変更》が表示されます。

⑥《現在のパスワード》に現在のパスワードを入力します。

⑦《新しいパスワード》に新しいパスワードを入力します。

⑧《次へ》をクリックします。

パスワードが変更されます。

⑨《完了》をクリックします。

POINT 強力なパスワード

強力なパスワードを設定すると、パソコンをより安全な状態に保つことができます。
強力なパスワードとは、次のようなものです。
・8文字以上
・ユーザー名、本名、生年月日、電話番号、会社名を含まない
・単語をそのまま使用しない
・英大文字、英小文字、数字、キーボード上の記号をすべて含む

第2章 ユーザーアカウントを管理しよう

4 PINの変更

「PIN」とは、4桁以上の数字で構成される暗証番号のことです。パスワードの代わりにPINを利用してパソコンにサインインできます。PINはパソコンごとに設定するため、パスワードより安全にユーザーアカウントを管理できます。
PINを変更しましょう。

※PINを変更するには、パスワードが設定されている必要があります。本書では、あらかじめパスワードが設定されていることを前提として実習しています。

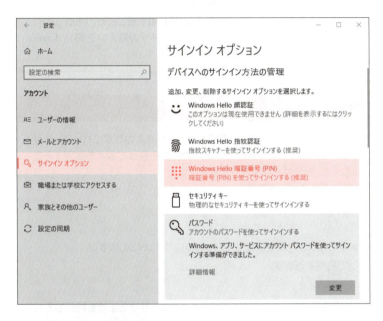

①《アカウント》が表示されていることを確認します。
②左側の一覧から《サインインオプション》を選択します。
③《Windows Hello 暗証番号（PIN）》をクリックします。

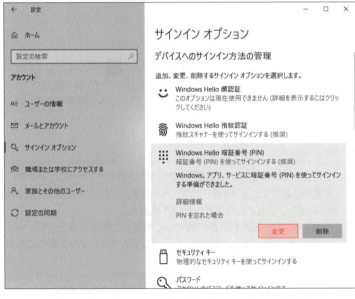

④《変更》をクリックします。

《PINの変更》が表示されます。
⑤《PIN》に現在のPINを入力します。
⑥《新しいPIN》に新しいPINを入力します。
⑦《PINの確認》に再度新しいPINを入力します。
※《英字と記号を含める》を ☑ にすると、英字や記号を含めたPINを作成できます。
⑧《OK》をクリックします。

48

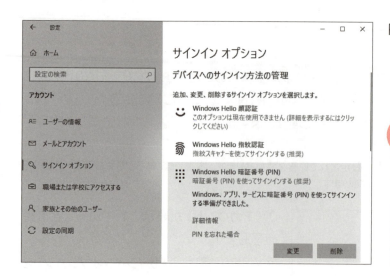

PINが変更されます。

> **New!** **Windows 10 新機能**
>
> PINは、パソコンへのサインインのほか、Windowsに関連したサービスを利用する際にも利用できます。PINはパソコンごとに設定するため、PINを利用することで、Microsoftアカウントのパスワードの漏えいを防止することができます。

POINT Windows Hello

Windows 10には、顔や指紋などの生体認証を利用して、PINやパスワードを入力せずにパソコンにサインインできる「Windows Hello」と呼ばれる機能があります。身体的特徴を使って本人を識別するため、パスワードを使ったサインインに比べて、安全性が高くなります。
顔認証や指紋認証を利用するには、PINの設定が必要です。
Windows Helloで設定できるサインイン方法は、次のとおりです。

●顔認証
事前に顔を登録し、登録した顔とカメラにうつった顔を認証してパソコンにサインインします。
※顔認識センサーを搭載したパソコンで利用できます。

●指紋認証
事前に指紋を登録し、登録した指紋と指紋認証リーダーや指紋センサーで読み取った指紋を認証してパソコンにサインインします。
※指紋認証リーダーや指紋センサーを搭載したパソコンで利用できます。

顔認証や指紋認証を使ってパソコンにサインインする方法は、次のとおりです。
◆パソコンを起動→PIN入力画面を表示→《サインインオプション》→ 🔘 (指紋) ／ 🙂 (顔)
※一度、顔認証や指紋認証を使ってパソコンにサインインすると、次回以降も同じサインイン方法を使ったサインインになります。別のサインイン方法に変更する場合は、《サインインオプション》を選択します。

STEP UP ピクチャパスワード

「ピクチャパスワード」とは、指定した画像の上でマウス操作またはタッチ操作を3回行い、その動きを記録してパスワードとする方式のことです。3回の動きには、円、直線、クリックまたはタップを組み合わせることができ、動きの大きさや位置、方向などが記録されます。
ピクチャパスワードを作成すると、パスワード入力画面の代わりに指定した画像が表示され、キーボードから文字を入力せずに、画面をなぞるだけで簡単にサインインできます。マウス操作にも対応していますが、タッチ操作のときに便利な機能です。
ピクチャパスワードを作成するには、文字によるパスワードが設定されている必要があります。

Step3 ユーザーアカウントを追加する

1 ユーザーアカウントの追加

1台のパソコンを複数のユーザーで共有する場合は、使う人数分ユーザーアカウントを追加します。ユーザーアカウントはパソコンの管理者だけが追加できます。新しいユーザーアカウントは標準ユーザーとして作成されます。
Microsoftアカウントのユーザーアカウントを追加しましょう。

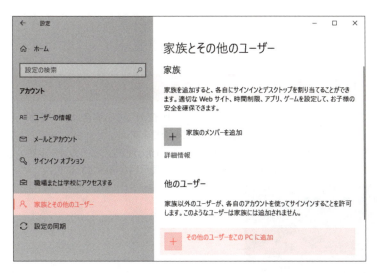

①《アカウント》が表示されていることを確認します。
②左側の一覧から《家族とその他のユーザー》を選択します。
③《その他のユーザーをこのPCに追加》をクリックします。

《このユーザーはどのようにサインインしますか?》が表示されます。
④《メールアドレスまたは電話番号》にメールアドレスを入力します。
⑤《次へ》をクリックします。

《準備が整いました。》が表示されます。
⑥《完了》をクリックします。

50

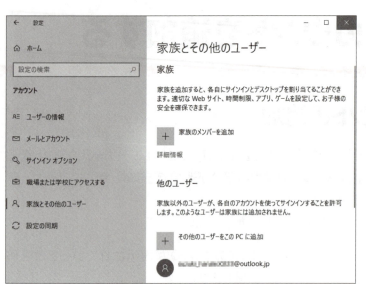

ユーザーアカウントが追加されます。

※ ×（閉じる）をクリックし、《設定》を閉じておきましょう。

POINT 別のユーザーアカウントへの切り替え

現在サインインしているユーザーアカウントとは別のユーザーアカウントでサインインする場合は、一覧からサインインするユーザーアカウントを選択し、画面の指示に従ってサインインします。

※Microsoftアカウントを追加すると、Windows起動時の画面には、Microsoftアカウントのメールアドレスが表示されますが、一度サインインすると、Microsoftアカウントの表示名が表示されます。

POINT ローカルアカウントの追加

ローカルアカウントを追加する方法は、次のとおりです。

◆ ■（スタート）→ ⚙（設定）→《アカウント》→左側の一覧から《家族とその他のユーザー》を選択→《その他のユーザーをこのPCに追加》→《このユーザーのサインイン情報がありません》→《Microsoftアカウントを持たないユーザーを追加する》→ユーザー名／パスワード／セキュリティの質問を設定→《次へ》

POINT ユーザーアカウントの削除

ユーザーアカウントを削除すると、そのユーザーの個人用フォルダーも削除されます。
ユーザーアカウントを削除できるのは管理者のみです。パソコンには必ず1名の管理者が設定されている必要があるため、管理者のユーザーアカウントが1名しか設定されていない場合は、管理者のユーザーアカウントは削除できません。また、現在サインインしているユーザーアカウントは削除できません。
ユーザーアカウントを削除する方法は、次のとおりです。

◆ ■（スタート）→ ⚙（設定）→《アカウント》→左側の一覧から《家族とその他のユーザー》を選択→ユーザーアカウントを選択→《削除》→《アカウントとデータの削除》

※Microsoftアカウントのユーザーアカウントを削除しても、Microsoftアカウントは削除されません。

第3章

ファイルを管理しよう

Step1	フォルダーとファイルについて	53
Step2	エクスプローラーについて	55
Step3	ファイルの表示方法を変更する	64
Step4	新しいフォルダーやファイルを作成する	72
Step5	フォルダーやファイルをコピー・移動する	77
Step6	ファイルを削除する	81
Step7	メディアを利用する	85

Step 1 フォルダーとファイルについて

1 ファイルとは

パソコン内で処理されるプログラムやプログラムによって生成されるデータは、すべて「**ファイル**」という単位で保存します。アプリで作成したデータをファイルとして残しておくためには、データにファイル名を付けて保存する必要があります。ファイルは、ファイル名によって識別されます。

1 ファイルアイコン

ファイルはアイコンで表示され、ファイルの種類によって絵柄が異なります。アイコンの絵柄は、作成するアプリの種類によって決まっています。
代表的なアプリのファイルのアイコンは、次のとおりです。

アプリ	説明	アイコン
メモ帳	Windowsに標準で搭載されているテキストエディター	
ワードパッド	Windowsに標準で搭載されている文書作成ソフト	
Word	マイクロソフト社の文書作成ソフト	
Excel	マイクロソフト社の表計算ソフト	

2 ファイルの拡張子

ファイルの名前は、「**ファイル名**」、「**．（ピリオド）**」、「**拡張子**」から構成されています。Windowsは、この拡張子をもとにファイルの種類を識別して、ファイルアイコンを表示しています。

例）

見積書．xlsx
❶　　❷

❶ファイル名
ファイルを識別する名前です。ファイルを保存するときに、ユーザーが設定します。

❷拡張子
ファイルの種類を識別するための名前です。アルファベットで表現されます。作成するアプリによって拡張子が決められていて、保存時に自動的に設定されます。

代表的なアプリのファイルの拡張子は、次のとおりです。

アプリ	拡張子
Wordのファイル	docx
Excelのファイル	xlsx
テキストファイル（メモ帳）	txt
写真のファイル	jpg、jpeg　など
動画のファイル	mpg、wmv　など
音楽のファイル	wma、wav、mp3　など

STEP UP 拡張子の表示

初期の設定では、拡張子は表示されません。そのため、ユーザーが拡張子を意識することはありません。拡張子を削除すると、ファイルが開かなくなるなどの不具合が発生することがあるので注意しましょう。
拡張子を表示する方法は、次のとおりです。

◆タスクバーの ■ （エクスプローラー）→《表示》タブ→《表示/非表示》グループの《☑ファイル名拡張子》

2　フォルダーとは

ファイルの数が多くなってくると、管理が煩雑になるため、関連するファイルを**「フォルダー」**という入れ物に入れて分類します。フォルダーを使うことによって、ファイルを担当者別や業務別などに分類することができます。フォルダー内にさらにフォルダーを作成して、階層的にファイルを管理することもできます。

1 フォルダーアイコン

フォルダーもアイコンで表示され、書類入れのような絵柄で表現されます。

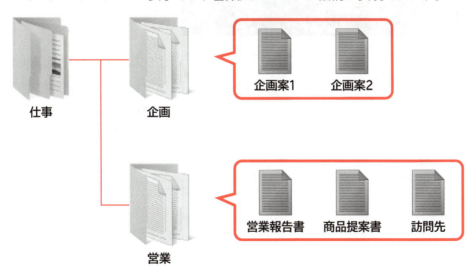

Step 2 エクスプローラーについて

1 エクスプローラーとは

「**エクスプローラー**」を使うと、パソコン内のフォルダーやファイルを操作できます。エクスプローラーでは、パソコン内のハードディスクやパソコンにセットしているメディアの中身を確認できます。また、目的のデータを検索したり、フォルダーを新規に作成して、ファイルを目的別に分類したりすることもできます。

2 エクスプローラーの起動

デスクトップから最も効率的に起動するには、タスクバーにピン留めされている ■ （エクスプローラー）をクリックします。
エクスプローラーを起動し、パソコン内のフォルダーやドライブを確認しましょう。

①タスクバーの ■ （エクスプローラー）をクリックします。

エクスプローラーが起動します。
②ナビゲーションウィンドウの《**PC**》をクリックします。

第3章　ファイルを管理しよう

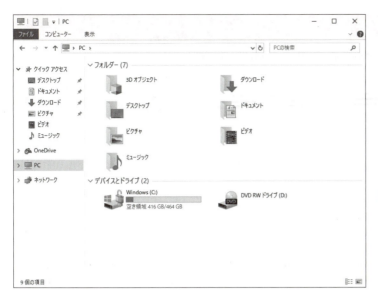

《PC》ウィンドウが表示されます。
パソコン内のフォルダーやドライブが表示されます。
※お使いのパソコンによって、表示される内容は異なります。

> **STEP UP その他の方法（エクスプローラーの起動）**
>
> ◆ ⊞（スタート）を右クリック→《エクスプローラー》
> ◆ [⊞]+[E]

3 エクスプローラーの画面構成

エクスプローラーは、大きく分けて次の3つの領域から構成されています。
それぞれの領域の名称と役割を確認しましょう。

❶ナビゲーションウィンドウ

《クイックアクセス》《OneDrive》《PC》《ネットワーク》の4つのカテゴリに分類されています。
それぞれのカテゴリは階層構造になっていて、階層を順番にたどることによって、作業対象の場所を選択できます。

❷ファイルリスト

ナビゲーションウィンドウで選択した場所に保存されているフォルダーやファイルなどが表示されます。

❸プレビューウィンドウ

ファイルリストで選択したファイルの内容が表示されます。初期の設定では、プレビューウィンドウは表示されません。

❹詳細ウィンドウ

ナビゲーションウィンドウやファイルリストで選択している作業対象の詳細が表示されます。初期の設定では、詳細ウィンドウは表示されません。

POINT ナビゲーションウィンドウ

ナビゲーションウィンドウの4つのカテゴリの役割は、次のとおりです。

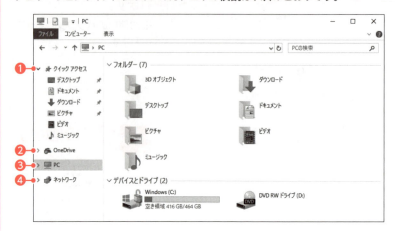

❶クイックアクセス
よく使うフォルダーと最近使ったファイルをすぐに開くことができます。
初期の設定では、《デスクトップ》《ドキュメント》《ダウンロード》《ピクチャ》《ビデオ》《ミュージック》が表示されており、《ビデオ》と《ミュージック》は利用状況に応じて自動的に更新されます。

❷OneDrive
マイクロソフト社が提供しているインターネット上の保存先として用意されています。Microsoftアカウントでサインインすると利用できます。

❸PC
内蔵しているハードディスクやセットしているメディア、個人ユーザー用のフォルダーにアクセスするときに使います。個人ユーザー用のフォルダーは、複数のユーザーで同一のパソコンを利用する場合、登録されているユーザーアカウントの数だけ作成されます。
個人ユーザー用のフォルダーには、次のようなものがあります。

場所	説明
3Dオブジェクト	3Dオブジェクトのファイルの保存先として用意されています。
ダウンロード	インターネットからダウンロードしたファイルの保存先として用意されています。
デスクトップ	デスクトップのフォルダーやファイルが保存される場所です。
ドキュメント	一般的なフォルダーやファイルの保存先として用意されています。
ピクチャ	デジタルカメラやスマートフォンからパソコンに移行した写真ファイルの保存先として用意されています。
ビデオ	動画配信サイトからダウンロードしたり、撮影したりした動画ファイルの保存先として用意されています。
ミュージック	音楽配信サイトからダウンロードしたり、録音したりした音楽ファイルの保存先として用意されています。

❹ネットワーク
ネットワーク上のパソコンにアクセスするときに使います。

STEP UP プレビューウィンドウの表示・非表示

プレビューウィンドウの表示・非表示を切り替える方法は、次のとおりです。
◆《表示》タブ→《ペイン》グループの プレビューウィンドウ （プレビューウィンドウ）

STEP UP 詳細ウィンドウの表示・非表示

詳細ウィンドウの表示・非表示を切り替える方法は、次のとおりです。
◆《表示》タブ→《ペイン》グループの 詳細ウィンドウ （詳細ウィンドウ）

1 エクスプローラーの各部の名称と役割

エクスプローラーの各部の名称と役割を確認しましょう。

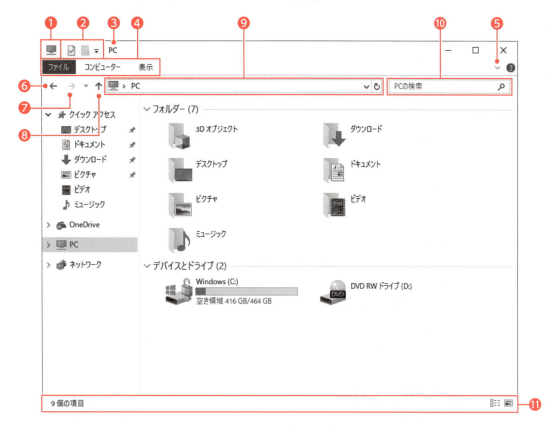

❶ 🖥

クリックすると、《元のサイズに戻す》《移動》《サイズ変更》《最小化》《最大化》《閉じる》など、ウィンドウを操作するコマンドが表示されます。

❷ クイックアクセスツールバー

よく使うコマンドを登録できます。初期の設定では、☑（プロパティ）、▢（新しいフォルダー）の2つのコマンドが登録されています。▼（クイックアクセスツールバーのカスタマイズ）をクリックすると、コマンドを追加できます。

❸ タイトルバー

作業対象の場所が表示されます。

❹ リボン

様々な機能がボタンとして登録されています。ボタンは関連する機能ごとにタブに分類されています。

❺ ∨ （リボンの展開）

クリックすると、リボンが表示されます。

※リボンを展開すると、∨（リボンの展開）は∧（リボンの最小化）に変わります。∧（リボンの最小化）をクリックすると、リボンが折りたたまれて、もとの表示に戻ります。

❻ 戻る

ウィンドウ内の表示を切り替えた場合にクリックすると、ひとつ前に表示した内容に戻ります。

❼ 進む

❻を操作したあとにクリックすると、戻した内容から逆戻りできます。

❽ 1つ上の階層へ

1つ上の階層にあるフォルダーが表示されます。

❾ アドレスバー

現在開いているウィンドウの場所が階層的に表示されます。

❿ 検索ボックス

フォルダーやファイルを検索するときに、キーワードを入力するボックスです。

⓫ ステータスバー

ナビゲーションウィンドウで選択している作業対象のファイルの数や現在選択しているファイルの数、サイズなどが表示されます。

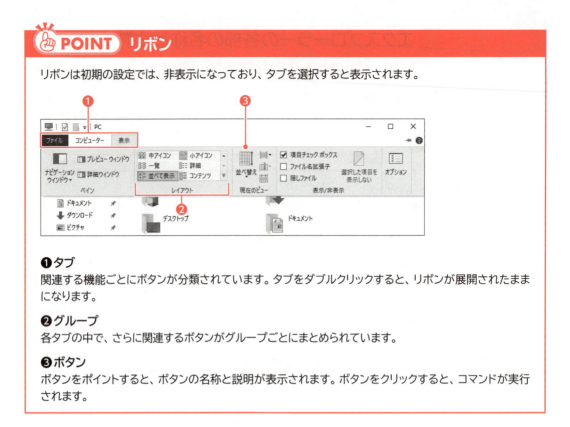

❶タブ
関連する機能ごとにボタンが分類されています。タブをダブルクリックすると、リボンが展開されたままになります。

❷グループ
各タブの中で、さらに関連するボタンがグループごとにまとめられています。

❸ボタン
ボタンをポイントすると、ボタンの名称と説明が表示されます。ボタンをクリックすると、コマンドが実行されます。

2 アドレスバー

「**アドレスバー**」には、現在開いているドライブやフォルダーの場所が階層的に表示されます。アドレスバー内を操作することで対象となる場所を切り替えることができます。
アドレスバーに表示されている場所をクリックすると、直接その場所に切り替えることができます。

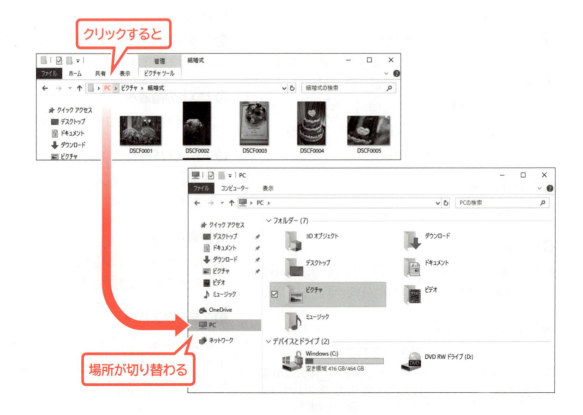

アドレスバーの > をクリックすると、その下の階層にあるフォルダーが一覧で表示されます。一覧から選択することで、場所を切り替えることができます。

POINT パスの表示

アドレスバーの空白の領域をクリックすると、現在選択している場所がパスで表示されます。
※選択している場所によっては、パスが表示されない場合があります。

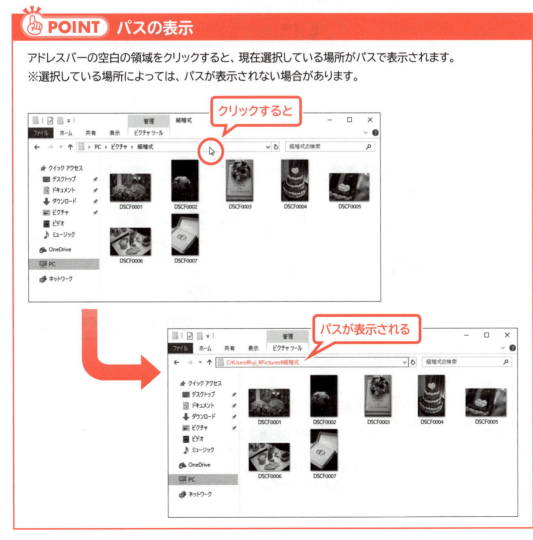

4 ドライブの確認

Windowsでは、パソコンが認識するハードディスクやCD、DVDなどの記憶装置が**「ドライブ」**として表示されます。
ドライブは、アルファベット1文字を割り当てた**「ドライブ名」**と**「:(コロン)」**で表されます。

1 ドライブアイコン

エクスプローラーでは、ドライブは実際のメディアをイメージしたアイコンで表示されます。

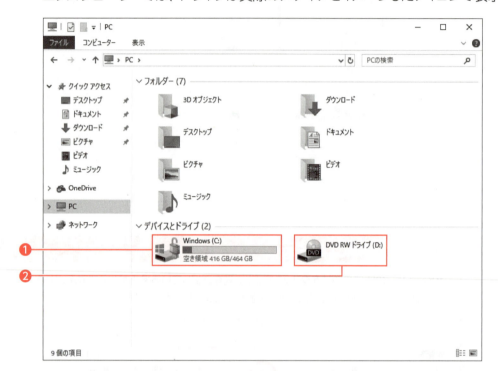

	記憶装置の種類	ドライブ名	ドライブアイコン
❶	ハードディスク	C:	※Windowsがインストールされているドライブには が付きます。
❷	DVD	D:	※CDやDVDをセットしている場合は、 に変わります。

※お使いのパソコンによって、ドライブの構成は異なります。

STEP UP 記憶装置の種類

ファイルを保存する記憶装置には、ハードディスク、CD、DVD、USBメモリなどがあります。通常、ハードディスクはパソコン本体に内蔵されています。
CDやDVD、USBメモリなどは、パソコンからパソコンへファイルをやり取りするときや、パソコン内にある大切なファイルをバックアップするときなどによく使われます。

5 ファイルの表示

ファイルを表示するには、ドライブ、フォルダーという階層をたどります。
Cドライブ内のフォルダー《Windows》にあるファイルを表示しましょう。

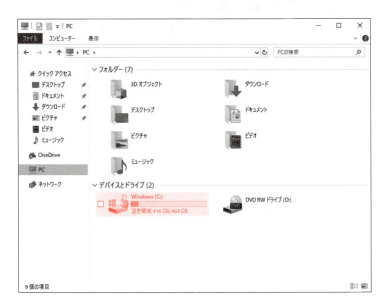

① 《PC》ウィンドウが表示されていることを確認します。
② 《Windows(C:)》をダブルクリックします。
※お使いのパソコンによって、ドライブ名は異なります。

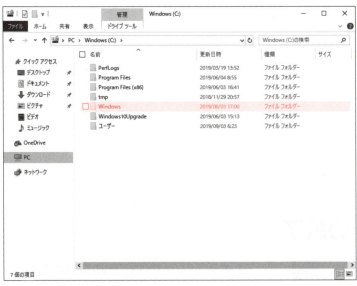

《Windows(C:)》ウィンドウが表示されます。
③ Cドライブ内のフォルダーが表示されていることを確認します。
※お使いのパソコンによって、表示される内容は異なります。
④ フォルダー《Windows》をダブルクリックします。

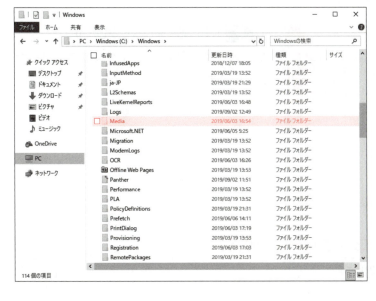

《Windows》ウィンドウが表示されます。
⑤ フォルダー《Windows》内のフォルダーやファイルが表示されていることを確認します。
※スクロールして、すべてのフォルダーとファイルを確認しておきましょう。
⑥ フォルダー《Media》をダブルクリックします。
※表示されていない場合は、スクロールして調整します。

第3章 ファイルを管理しよう

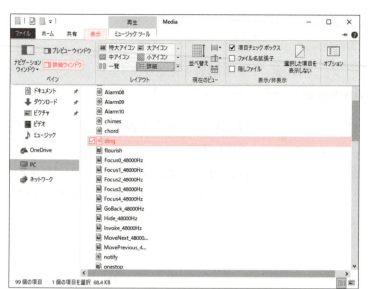

《Media》ウィンドウが表示されます。

⑦フォルダー《Media》内のフォルダーやファイルが表示されていることを確認します。

※スクロールして、すべてのフォルダーとファイルを確認しておきましょう。

⑧ファイル《ding》を選択します。

※表示されていない場合は、スクロールして調整します。

⑨《表示》タブを選択します。

⑩《ペイン》グループの [詳細ウィンドウ]（詳細ウィンドウ）をクリックします。

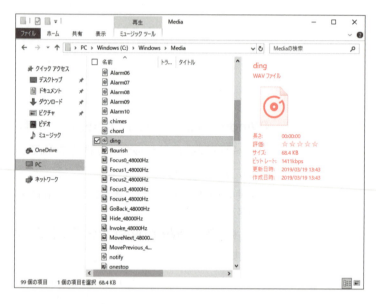

詳細ウィンドウにファイルの詳細が表示されます。

※《表示》タブ→《ペイン》グループの [詳細ウィンドウ]（詳細ウィンドウ）をクリックし、詳細ウィンドウを非表示にしておきましょう。

6 エクスプローラーの終了

エクスプローラーを終了するには、 ✕ （閉じる）をクリックしてウィンドウを閉じます。
エクスプローラーを終了しましょう。

① ✕ （閉じる）をクリックします。

ウィンドウが閉じられ、エクスプローラーが終了します。

STEP UP　その他の方法（エクスプローラーの終了）

◆《ファイル》タブ→《閉じる》
◆ [Alt] + [F4]

Step3 ファイルの表示方法を変更する

1 ファイルの管理

Windowsには、フォルダーやファイルを新規に作成したり、移動・コピーしたり削除したりするファイル管理機能が備わっています。
この機能を上手に使うことによって、目的やテーマによってファイルを分類でき、膨大なファイルを整理できるようになります。

2 ファイルの表示方法

フォルダー内に表示されるフォルダーやファイルは、アイコンのサイズを変更したり詳細な情報を表示したりするなど、表示方法を変更できます。
フォルダーやファイルの表示方法には、次のような種類があります。

●特大アイコン
特大サイズのアイコンで表示され、アイコンの下にフォルダー名やファイル名が表示されます。

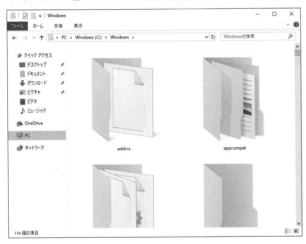

●大アイコン
大サイズのアイコンで表示され、アイコンの下にフォルダー名やファイル名が表示されます。

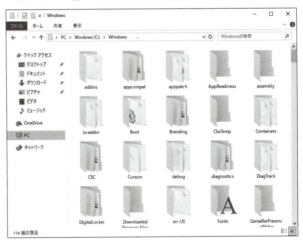

●中アイコン
中サイズのアイコンで表示され、アイコンの下にフォルダー名やファイル名が表示されます。

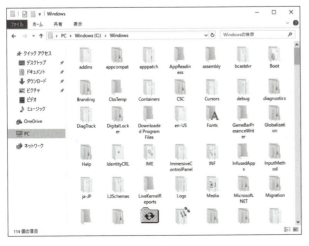

●小アイコン
小サイズのアイコンで表示され、アイコンの横にフォルダー名やファイル名が表示されます。

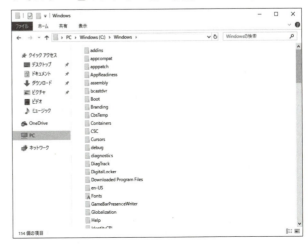

●一覧

小サイズのアイコンの横にフォルダー名やファイル名が表示されます。アイコンは縦方向に順番に並んで表示されます。

●詳細

小サイズのアイコンの横にフォルダー名やファイル名・更新日時・種類・サイズなどが表示されます。表示する列見出しは追加したり削除したりできます。

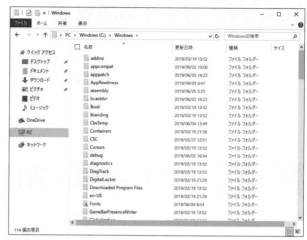

●並べて表示

フォルダーの場合、中サイズのアイコンの横にフォルダー名が表示されます。

ファイルの場合、中サイズのアイコンの横にファイル名・種類・サイズが表示されます。

アイコンは横方向に順番に並んで表示されます。

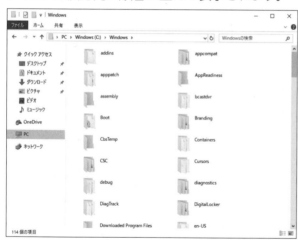

●コンテンツ

フォルダーの場合、中サイズよりやや小さいアイコンの横にフォルダー名・更新日時が表示されます。
ファイルの場合、中サイズよりやや小さいアイコンの横にファイル名・種類・更新日時・サイズが表示されます。

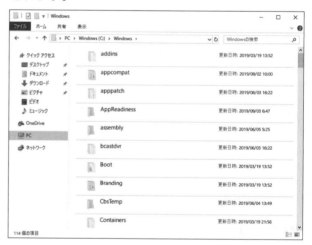

3 ファイルの表示方法の変更

Cドライブ内のフォルダー《Windows》を開き、ファイルの表示方法を「**大アイコン**」に変更しましょう。

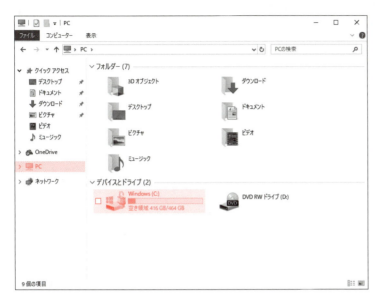

① エクスプローラーを起動します。
※タスクバーの ■ （エクスプローラー）をクリックします。
エクスプローラーが表示されます。
② ナビゲーションウィンドウの《PC》をクリックします。
③《Windows(C:)》をダブルクリックします。
※お使いのパソコンによって、ドライブ名は異なります。

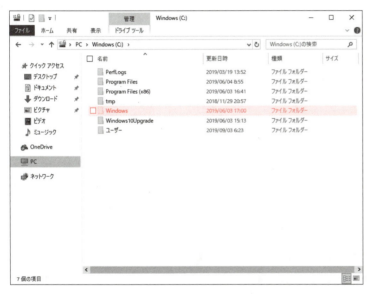

《Windows(C:)》ウィンドウが表示されます。
④ Cドライブ内のフォルダーが表示されていることを確認します。
※お使いのパソコンによって、表示される内容は異なります。
⑤ フォルダー《Windows》をダブルクリックします。

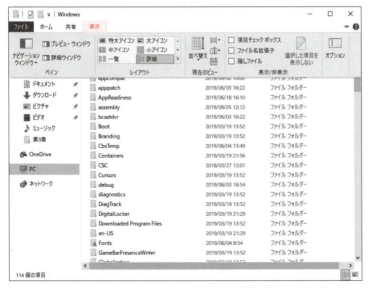

《Windows》ウィンドウが表示されます。
⑥ フォルダー《Windows》内のフォルダーやファイルが表示されていることを確認します。
⑦《**表示**》タブを選択します。

66

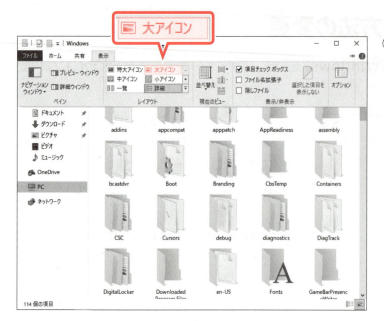

⑧《レイアウト》グループの《大アイコン》をクリックします。

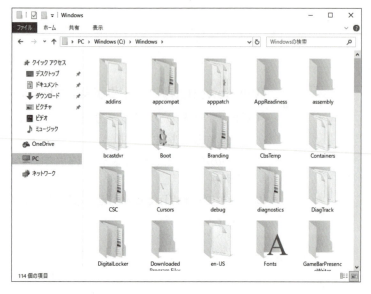

大アイコンの表示に変更されます。

STEP UP その他の方法（ファイルの表示方法の変更）

◆ファイルリストの空き領域を右クリック→《表示》

4 ファイルの並べ替え・抽出

ファイルの数が多く、目的のファイルを探しにくいときは、並べ替えや抽出の機能を使うと便利です。ファイルを並べ替えたり抽出したりするには、ファイルの表示方法を《詳細》に変更し、ファイルリストの列見出しを使います。

1 ファイルの並べ替え

ファイルリストは、初期の設定では、ファイルの名前で昇順に並んで表示されています。ファイルは、「**名前**」「**更新日時**」「**種類**」「**サイズ**」などを基準にして、並べ替えることができます。
フォルダー《Windows》内のファイルの表示方法を《詳細》に変更し、更新日時が新しい順に並べ替えましょう。

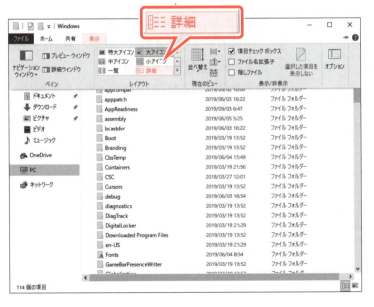

①《Windows》ウィンドウが表示されていることを確認します。
②《表示》タブを選択します。
③《レイアウト》グループの《詳細》をクリックします。

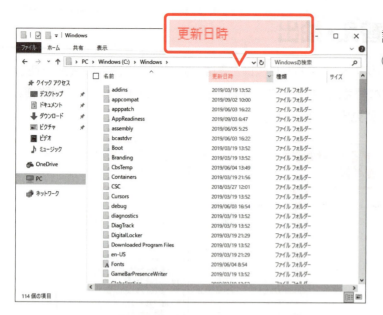

詳細の表示に変更されます。

④列見出しの《**更新日時**》をクリックします。

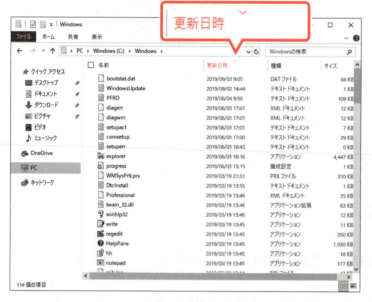

列見出しに降順を表す が表示され、フォルダーやファイルがそれぞれ更新日時の新しい順に並び替わります。

※スクロールして、すべてのフォルダーとファイルを確認しておきましょう。

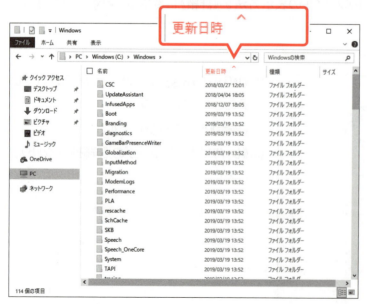

⑤列見出しの《**更新日時**》を再度クリックします。

列見出しに昇順を表す が表示され、フォルダーやファイルがそれぞれ更新日時の古い順に並び替わります。

※列見出しの《名前》をクリックし、もとの表示に戻しておきましょう。

STEP UP その他の方法（ファイルの並べ替え）

◆ファイルリストの空き領域を右クリック→《並べ替え》

POINT 並べ替えの順序

ファイルが並び替わる順序は、次のとおりです。

列見出し	昇順	降順
名前	数字→アルファベット→カタカナ・ひらがな→漢字	漢字→ひらがな・カタカナ→アルファベット→数字
更新日時	古い→新しい	新しい→古い
サイズ	小さい→大きい	大きい→小さい

※フォルダーは、昇順のときは先頭に、降順のときは末尾に並びます。

STEP UP 列見出しの項目の表示・非表示

更新日時・種類・サイズだけでなく、ファイルに関する様々な情報を列見出しに表示できます。

◆列見出しを右クリック→《その他》→表示する項目を ☑、非表示にする項目を ☐ にする

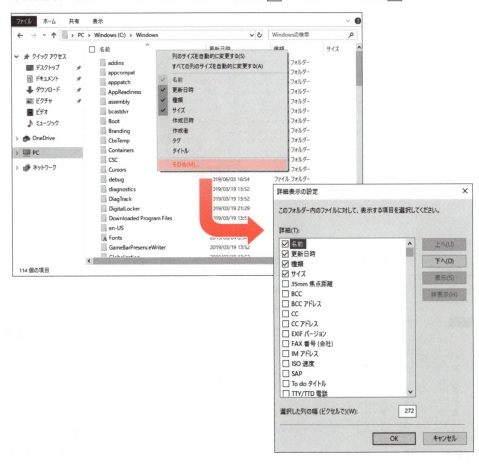

STEP UP 列見出しの列幅の自動調整

ファイルリストに表示されている文字の長さに合わせて、列見出しの列幅を調整することができます。

◆列見出しを右クリック→《列のサイズを自動的に変更する》／《すべての列のサイズを自動的に変更する》

2 ファイルの抽出

フォルダー《Windows》内で、ファイルの種類が《アプリケーション》のファイルを抽出しましょう。

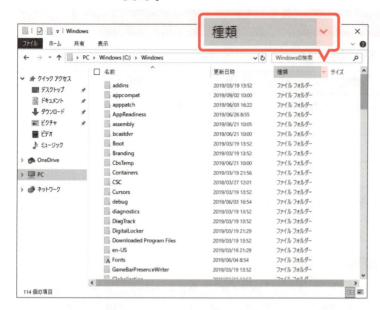

①《Windows》ウィンドウが表示されていることを確認します。
②列見出しの《種類》をポイントします。
列見出し名の右側に ⌄ が表示されます。
③ ⌄ をクリックします。

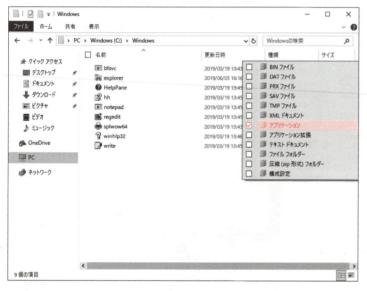

ドロップダウンリストが表示されます。
④《アプリケーション》を ✓ にします。

⑤ファイルリストの空き領域をクリックします。
列見出しの《種類》に ✓ が表示され、種類がアプリケーションのファイルだけが表示されます。
※列見出しの《種類》の ✓ →《アプリケーション》を □ にし、もとの表示に戻しておきましょう。
※ × （閉じる）をクリックし、《Windows》ウィンドウを閉じておきましょう。

Step 4　新しいフォルダーやファイルを作成する

1　新しいフォルダーの作成

関連するファイルをまとめて保存するための入れ物のことを**「フォルダー」**といいます。ファイルの数が増えてくると、ファイルを探しにくくなるので、フォルダーを使って目的やテーマに応じてファイルを分類します。フォルダーの中にフォルダーを作成して、階層的にファイルを整理することもできます。

デスクトップにフォルダー**「営業部」**を作成しましょう。

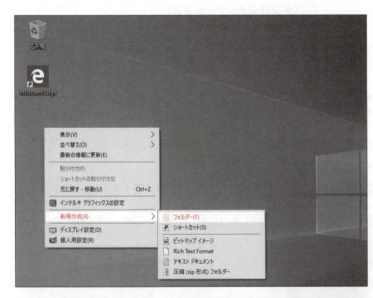

①デスクトップの空き領域を右クリックします。
ショートカットメニューが表示されます。
②《新規作成》をポイントします。
③《フォルダー》をクリックします。

新しいフォルダーが作成され、**「新しいフォルダー」**という名前が自動的に付けられ、反転表示します。

④「営業部」と入力し、Enterを押します。
フォルダーの名前が**「営業部」**に変わります。

STEP UP その他の方法（新しいフォルダーの作成）

◆タスクバーの ■（エクスプローラー）→ナビゲーションウィンドウの《PC》を選択→《デスクトップ》→《ホーム》タブ→《新規》グループの ■（新しいフォルダー）
◆タスクバーの ■（エクスプローラー）→ナビゲーションウィンドウの《PC》を選択→《デスクトップ》→ファイルリスト内で右クリック→《新規作成》→《フォルダー》
◆ Ctrl + Shift + N

STEP UP フォルダー名やファイル名に使えない記号

フォルダー名やファイル名には、次の半角の記号は使えません。

¥ （円記号）	/ （スラッシュ）
: （コロン）	＊ （アスタリスク）
? （疑問符）	" （ダブルクォーテーション）
<> （不等号）	| （縦棒）

2　新しいファイルの作成

ファイルはアプリで保存の操作を行うことによって作成されますが、デスクトップやエクスプローラーから直接作成することもできます。
デスクトップのフォルダー「**営業部**」内に、テキストファイル「**営業メモ**」を作成しましょう。

①デスクトップのフォルダー「**営業部**」をダブルクリックします。

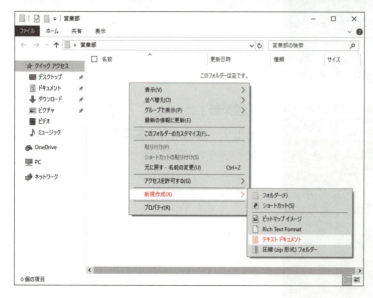

「**営業部**」ウィンドウが表示されます。
※フォルダー内に何も作成していないため、ファイルリストには何も表示されません。

②ファイルリストの空き領域を右クリックします。

ショートカットメニューが表示されます。

③《**新規作成**》をポイントします。
④《**テキストドキュメント**》をクリックします。

テキストファイルが作成され、「**新しいテキストドキュメント**」という名前が自動的に付けられ、反転表示します。

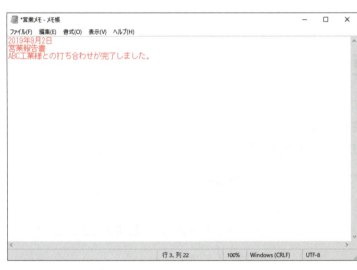

⑤「**営業メモ**」と入力し、Enter を押します。
テキストファイル「**営業メモ**」が作成されます。
ファイルの内容を入力します。

⑥テキストファイル「**営業メモ**」をダブルクリックします。

メモ帳が起動し、テキストファイル「**営業メモ**」が開かれます。

⑦次のように入力します。

> 2019年9月2日 ↵
> 営業報告書 ↵
> ABC工業様との打ち合わせが完了しました。

※ ↵で Enter を押して改行します。

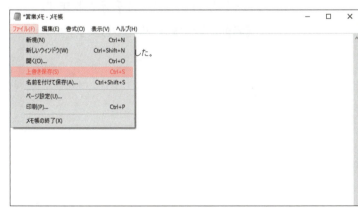

⑧《**ファイル**》をクリックします。
⑨《**上書き保存**》をクリックします。
※ ✕ （閉じる）をクリックし、メモ帳を終了しておきましょう。
※次の操作のために、「営業部」ウィンドウは開いたままにしておきましょう。

STEP UP　その他の方法（新しいファイルの作成）

◆タスクバーの ■ （エクスプローラー）→フォルダーを表示→《**ホーム**》タブ→《**新規**》グループの ■ （新しいアイテム）

STEP UP ファイルのプロパティ

ファイルの「プロパティ」とは、ファイルの名前や保存場所、作成日時などファイルに関する様々な情報のことです。
ファイルのプロパティを確認する方法は、次のとおりです。

◆ファイルを右クリック→《プロパティ》

3 ファイル名の変更

フォルダーやファイルの名前はあとから変更できます。ただし、同一のフォルダー内に、同じ種類で同じ名前のファイルを作成することはできないので、注意が必要です。
テキストファイル「**営業メモ**」の名前を「**営業報告書**」に変更しましょう。

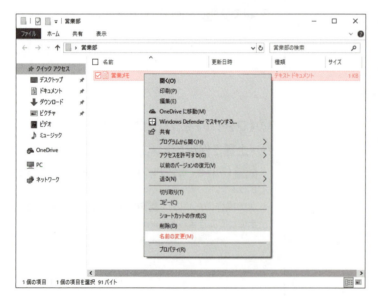

①「**営業部**」ウィンドウが表示されていることを確認します。

②テキストファイル「**営業メモ**」を右クリックします。

ショートカットメニューが表示されます。

③《名前の変更》をクリックします。

「営業メモ」が反転表示されます。

④「営業報告書」と入力し、Enter を押します。

ファイル名が変更されます。

※ × (閉じる)をクリックし、「営業部」ウィンドウを閉じておきましょう。

STEP UP その他の方法（フォルダー名／ファイル名の変更）

◆ フォルダーまたはファイルを選択→《ホーム》タブ→《整理》グループの 名前の変更 (名前の変更)
◆ フォルダーまたはファイルを選択→ F2
◆ フォルダーまたはファイルを選択→フォルダー名／ファイル名をクリック

Let's Try ためしてみよう

① フォルダー「営業部」内に、次の内容のテキストファイル「提案メモ」を作成しましょう。

```
2019年9月2日 ↵
商品提案書 ↵
「FOMのど飴」の商品開発を提案します。
```

※ ↵で Enter を押して、改行します。

② テキストファイル「提案メモ」の名前を「商品提案書」に変更しましょう。

Let's Try Answer

①
①デスクトップのフォルダー「営業部」をダブルクリック
②ファイルリストの空き領域を右クリック
③《新規作成》をポイント
④《テキストドキュメント》をクリック
⑤「提案メモ」と入力し、Enter を押す
⑥テキストファイル「提案メモ」をダブルクリック
⑦文章を入力
⑧《ファイル》をクリック
⑨《上書き保存》をクリック
※ × (閉じる)をクリックし、メモ帳を終了しておきましょう。

②
①ファイルリストからテキストファイル「提案メモ」を右クリック
②《名前の変更》をクリック
③「商品提案書」と修正し、Enter を押す
※ × (閉じる)をクリックし、「営業部」ウィンドウを閉じておきましょう。

Step 5 フォルダーやファイルをコピー・移動する

1 ファイルのコピー

フォルダーやファイルを**「コピー」**すると、同じ内容のフォルダーやファイルを複製できます。フォルダーをコピーすると、フォルダー内のファイルもまとめてコピーされます。
デスクトップにあるフォルダー**「営業部」**内のファイル**「営業報告書」**を《**デスクトップ**》にコピーしましょう。

①デスクトップのフォルダー**「営業部」**をダブルクリックします。

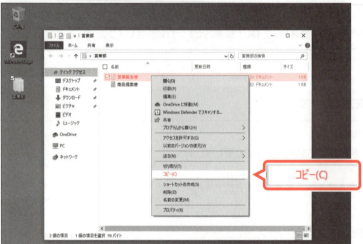

「営業部」ウィンドウが表示されます。
②ファイル**「営業報告書」**を右クリックします。
ショートカットメニューが表示されます。
③《**コピー**》をクリックします。

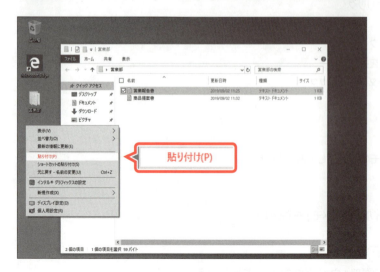

④デスクトップの空き領域を右クリックします。
ショートカットメニューが表示されます。
⑤《**貼り付け**》をクリックします。

ファイル「**営業報告書**」がデスクトップにコピーされます。

※ ×（閉じる）をクリックし、「営業部」ウィンドウを閉じておきましょう。

STEP UP その他の方法（フォルダー／ファイルのコピー）

◆コピー元のファイルを選択→《ホーム》タブ→《クリップボード》グループの（コピー）→コピー先の場所を選択→《ホーム》タブ→《クリップボード》グループの（貼り付け）

◆コピー元のファイルを選択→ Ctrl + C →コピー先の場所を選択→ Ctrl + V

2 フォルダーの移動

フォルダーやファイルを「**移動**」すると、作成した場所からフォルダーやファイルを削除して、異なる場所に移すことができます。フォルダーを移動すると、フォルダー内のファイルもまとめて移動されます。

デスクトップのフォルダー「**営業部**」を《ドキュメント》に移動しましょう。

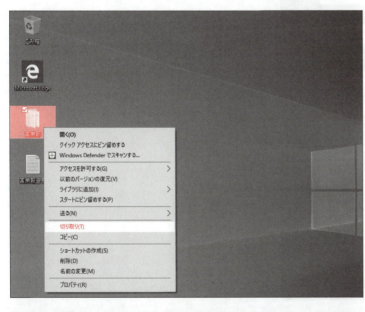

①デスクトップのフォルダー「**営業部**」を右クリックします。

ショートカットメニューが表示されます。

②《**切り取り**》をクリックします。

エクスプローラーを起動します。

③タスクバーの（エクスプローラー）をクリックします。

④ナビゲーションウィンドウの《**ドキュメント**》をクリックします。

※《ドキュメント》が表示されていない場合、《PC》をダブルクリックします。

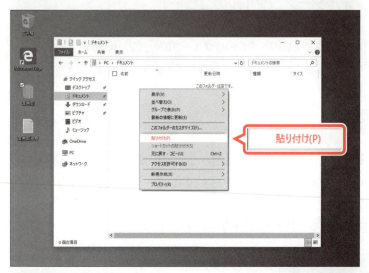

《**ドキュメント**》ウィンドウが表示されます。

⑤ウィンドウ内の空き領域を右クリックします。

ショートカットメニューが表示されます。

⑥《**貼り付け**》をクリックします。

デスクトップからフォルダー「**営業部**」がなくなり、《**ドキュメント**》に移動されます。

※ ✕ （閉じる）をクリックし、《ドキュメント》ウィンドウを閉じておきましょう。

STEP UP その他の方法（フォルダー／ファイルの移動）

◆移動元のファイルを選択→《ホーム》タブ→《クリップボード》グループの ✂ （切り取り）→移動先の場所を選択→《ホーム》タブ→《クリップボード》グループの 📋 （貼り付け）

◆移動元のファイルを選択→ Ctrl + X →移動先の場所を選択→ Ctrl + V

POINT ドラッグ操作でフォルダーやファイルをコピー・移動する

ドラッグ操作でフォルダーやファイルをコピーしたり移動したりできます。ドラッグ操作の場合、同じドライブ内での操作なのか、異なるドライブ間での操作なのかによって操作方法が異なります。

●同じドライブ内でフォルダーやファイルをコピーする場合

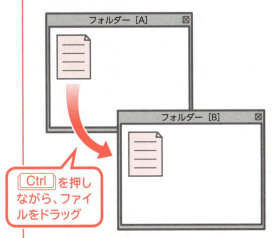

●同じドライブ内でフォルダーやファイルを移動する場合

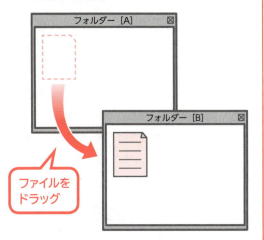

●異なるドライブ間でフォルダーやファイルをコピーする場合

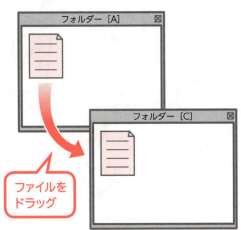

●異なるドライブ間でフォルダーやファイルを移動する場合

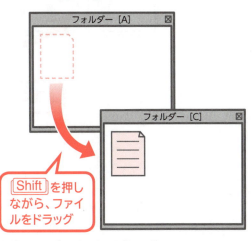

POINT フォルダーやファイルの選択

複数のフォルダーやファイルをコピーしたり移動したりする場合、複数のフォルダーやファイルを一度に選択することができます。

連続するフォルダーやファイルを選択する場合

◆ 1つ目のフォルダーやファイルをクリック→ Shift を押しながら、連続する最後のフォルダーやファイルをクリック

連続しないフォルダーやファイルを選択する場合

◆ 1つ目のフォルダーやファイルをクリック→ Ctrl を押しながら、2つ目以降のフォルダーやファイルをクリック

すべてのフォルダーやファイルを選択する場合

◆ Ctrl + A

Step 6 ファイルを削除する

1 ごみ箱とは

不要になったフォルダーやファイルは削除できます。パソコンのハードディスクに保存されているフォルダーやファイルを削除すると、一時的にごみ箱の中に入ります。**「ごみ箱」**とは、削除したフォルダーやファイルを一時的に保管する領域です。フォルダーやファイルがごみ箱に入っている間は、誤って削除した場合でも、ごみ箱から取り出して復元できます。フォルダーやファイルをパソコンから完全に削除するには、ごみ箱に入っているフォルダーやファイルを削除する必要があります。

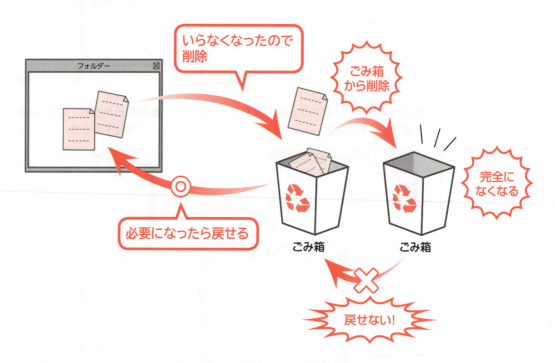

ごみ箱のアイコンは、状態によって次のように絵柄が異なります。

●ごみ箱が空の状態　　　　　●ごみ箱にフォルダーやファイルが入っている状態

POINT ごみ箱に入らないファイル

USBメモリやSDメモリカードなど、持ち運びできるメディアに保存されているファイルやネットワーク上のパソコンに保存されているファイルは、ごみ箱に入らず、すぐに完全に削除されてしまいます。一旦削除すると復元できないので注意する必要があります。

第3章 ファイルを管理しよう

81

2 ファイルの削除

デスクトップのファイル「**営業報告書**」を削除しましょう。

① 《**ごみ箱**》が空の状態で表示されていることを確認します。
② ファイル「**営業報告書**」をクリックします。
③ [Delete]を押します。

デスクトップからファイル「**営業報告書**」が削除され、ごみ箱に入ります。
④ 《**ごみ箱**》にファイルが入っている状態に変わっていることを確認します。

> **STEP UP** その他の方法（ファイルの削除）
>
> ◆ タスクバー ■ （エクスプローラー）→ファイルを選択→《ホーム》タブ→《整理》グループの ✕削除 （削除）
> ◆ ファイルを右クリック→《削除》
> ◆ ファイルをごみ箱にドラッグ
> ◆ ファイルを選択→[Ctrl]+[D]

> **POINT** 削除の確認の表示
>
> ファイルを削除するときに確認のメッセージを表示させることができます。
> 削除の確認を表示する方法は、次のとおりです。
>
> ◆ タスクバー ■ （エクスプローラー）→《ホーム》タブ→《整理》グループの ✕削除▼ （削除）の ▼ →《削除の確認の表示》

3 ファイルを完全に削除する

ごみ箱にたくさんファイルがあると、その分ディスクの空き容量が少なくなります。ごみ箱の中の不要なファイルは定期的に削除します。ファイルを完全に削除すると、ファイルをもとに戻すことはできません。
ごみ箱に入れたファイル「**営業報告書**」を完全に削除しましょう。

①《**ごみ箱**》をダブルクリックします。

《**ごみ箱**》ウィンドウが表示されます。
②ファイル「**営業報告書**」が入っていることを確認します。
③ファイル「**営業報告書**」をクリックします。
④ Delete を押します。

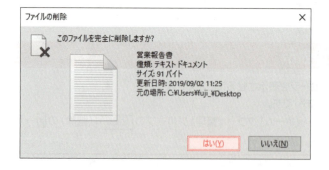

《**ファイルの削除**》ダイアログボックスが表示されます。
⑤《**はい**》をクリックします。

ごみ箱からファイル「**営業報告書**」が削除されます。

※ ✕ （閉じる）をクリックし、《ごみ箱》ウィンドウを閉じておきましょう。

※《ごみ箱》からすべてのファイルが削除されると、《ごみ箱》が空の状態に変わります。

STEP UP　その他の方法（ファイルを完全に削除する）

◆《ごみ箱》を開く→ファイルを選択→《ホーム》タブ→《整理》グループの ✕削除 （削除）
◆《ごみ箱》を開く→《ごみ箱ツール》タブ→《管理》グループの 🗑 （ごみ箱を空にする）
◆《ごみ箱》を開く→ファイルを右クリック→《削除》
◆《ごみ箱》を開く→ Ctrl + D

POINT　ごみ箱の利用

ファイルをごみ箱に入れずに削除したり、ファイルをごみ箱から復元したりすることができます。

ごみ箱に入れずに削除する

ファイルをごみ箱に入れずにすぐに削除する方法は、次のとおりです。

◆ファイルを選択→ Shift + Delete

ごみ箱から復元する

ごみ箱に入っているファイルをもとの場所に復元する方法は、次のとおりです。

◆《ごみ箱》を開く→ファイルを選択→《ごみ箱ツール》タブ→《復元》グループの 🗐 （選択した項目を元に戻す）
◆《ごみ箱》を開く→ファイルを右クリック→《元に戻す》

ごみ箱を空にする

ごみ箱に入っているファイルをまとめて削除してごみ箱を空にする方法は、次のとおりです。

◆《ごみ箱》を開く→《ごみ箱ツール》タブ→《管理》グループの 🗑 （ごみ箱を空にする）

Step7 メディアを利用する

1 メディアとは

「メディア」とは、データを記憶するための媒体のことです。
パソコンに内蔵されているハードディスクもメディアのひとつです。ハードディスクのほかに、よく利用されるメディアに「**CD**」や「**DVD**」、「**Blu-ray**」、「**USBメモリ**」、「**SDメモリカード**」があります。CD、DVD、Blu-rayは、レーザー光を利用してデータの読み書きを行うメディアで、見た目は同じですが、記憶容量が異なります。
CDやDVD、Blu-ray、USBメモリ、SDメモリカードなど、パソコンから取り出して持ち運べるメディアは「**リムーバブルディスク**」といいます。

1 CD

記憶容量が650MBまたは700MBと比較的大きく、安価であるため、日常業務のバックアップや画像ファイルの保存などによく利用されています。
CDには、次のような種類があります。

種類	説明
CD-ROM	データの書き込みや削除はできない。市販のソフトウェアパッケージの流通媒体として広く利用されている。
CD-R	データを書き込みでき、書き込んだデータは読み出し専用になる。データを削除しても、ディスクの空き容量は増えない。
CD-RW	約1,000回書き換えできる。

2 DVD

記憶容量が片面1層4.7GB、両面1層9.4GBとCDよりはるかに大きいので、映画やビデオなど動画ファイルの保存などによく利用されています。
DVDには、次のような種類があります。

種類	説明
DVD-ROM	データの書き込みや削除はできない。映画などを収録した動画ソフトの流通媒体として広く利用されている。
DVD-R	データを書き込みでき、書き込んだデータは読み出し専用になる。データを削除しても、ディスクの空き容量は増えない。
DVD-RW	約1,000回書き換えできる。
DVD-RAM	10万回以上書き換えできる。

3 Blu-ray

記憶容量が1層25GB、2層50GB、3層100GB、4層128GBなどと、DVDよりはるかに大きいので、ハイビジョン映像を録画する媒体としてよく利用されます。
Blu-rayには、次のような種類があります。

種類	説明
BD-ROM	データの書き込みや削除はできない。映画などを収録した動画ソフトの流通媒体として広く利用されている。
BD-R	データを書き込みでき、書き込んだデータは読み出し専用になる。データを削除しても、ディスクの空き容量は増えない。
BD-RE	約1,000回～1万回書き換えできる。

4 USBメモリ

記憶容量は数百MB～数TBまで様々なものがあります。何度でも書き換えができ、手の中に収まるコンパクトなサイズなので持ち運びに適しています。パソコン本体のUSBポートに直接差し込んで使います。

5 SDメモリカード

SDメモリカードは「**SDカード**」（以下、「**SDカード**」と記載）ともいい、記憶容量は数百MB～数TBまで様々なものがあります。ディジタルカメラやパソコンなどでデータを保存するのに利用されています。スマートフォンなどの携帯端末には、SDカードを小型化した「**microSDカード**」が利用されていますが、microSDカードに変換アダプターを装着することによって、SDカードとして利用することもできます。パソコン本体のSDカードスロットに直接差し込んで使います。

> **POINT　スーパーマルチドライブ**
>
> CDやDVD、Blu-rayなどのメディアからデータを読み込んだり、メディアにデータを書き込んだりするには、専用のドライブが必要となります。例えば、CDからデータを読み出す場合には「CD-Rドライブ」、CDのデータを書き換える場合には「CD-RWドライブ」が必要となります。
> 最近の市販のパソコンの多くには、「スーパーマルチドライブ」が標準で搭載されており、このドライブひとつで、CDやDVD、Blu-rayの読み書きをこなします。

2　メディアにファイルを書き込む

パソコン内に保存されているファイルをUSBメモリなどの持ち運び可能なメディアに書き込む方法を確認しましょう。

1 USBメモリの接続

パソコンには、「**USBポート**」と呼ばれる差し込み口が標準で装備されています。USBポートは、USB対応の周辺機器を接続するための差し込み口です。パソコン本体や周辺機器の電源を入れたまま着脱でき、接続するだけで認識されるというメリットがあります。USBポートにUSB対応の周辺機器を接続することを「**USB接続**」といいます。パソコンにUSBメモリを接続しましょう。

第3章 ファイルを管理しよう

①パソコンのUSBポートにUSBメモリを接続します。
※差し込み口の位置や形状を確認して正しく接続しましょう。

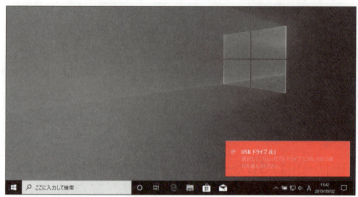

USBメモリが認識されると、画面右下に図のような通知メッセージが表示されます。
※初めて接続した場合に表示されます。
※表示されない場合は、タスクバーの ■ （エクスプローラー）→ナビゲーションウィンドウの《USBドライブ（E:）》をクリックします。

②《USBドライブ（E:）》をクリックします。
※お使いのUSBメモリによって、デバイス名やドライブ名は異なります。

USBメモリに対して行う操作が表示されます。
※お使いのパソコンによって、表示される内容は異なります。

③《フォルダーを開いてファイルを表示》をクリックします。
※次回以降は、同じ操作が自動的に実行されます。

エクスプローラーが起動し、《USBドライブ（E:）》ウィンドウが表示されます。
※お使いのUSBメモリによって、デバイス名やドライブ名は異なります。

2 USBメモリにファイルを保存

パソコン内のファイルをUSBメモリにコピーしたり移動したりすることができます。逆に、USBメモリ内のファイルをパソコン内にコピーしたり移動したりすることもできます。
USBメモリはパソコン内のフォルダーと同じような使い方ができるので、ファイルを整理したり、削除したりすることができます。
《ドキュメント》に保存されているフォルダー「営業部」をUSBメモリにコピーしましょう。

①《USBドライブ(E:)》ウィンドウが表示されていることを確認します。

《ドキュメント》を表示します。

②ナビゲーションウィンドウの《ドキュメント》をクリックします。

※《ドキュメント》が表示されていない場合は、《PC》をダブルクリックします。

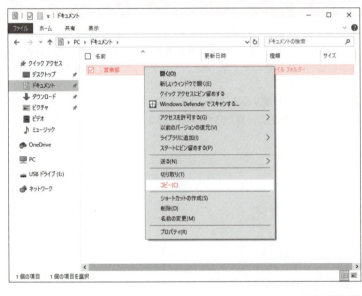

《ドキュメント》ウィンドウに切り替わります。
フォルダー「営業部」をコピーします。
③フォルダー「営業部」を右クリックします。
ショートカットメニューが表示されます。
④《コピー》をクリックします。

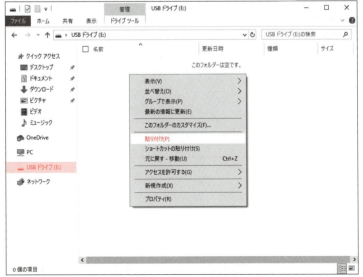

《USBドライブ(E:)》を表示します。
⑤ナビゲーションウィンドウの《USBドライブ(E:)》をクリックします。
※お使いのUSBメモリによって、デバイス名やドライブ名は異なります。
《USBドライブ(E:)》ウィンドウに切り替わります。
⑥ウィンドウ内の空き領域を右クリックします。
ショートカットメニューが表示されます。
⑦《貼り付け》をクリックします。

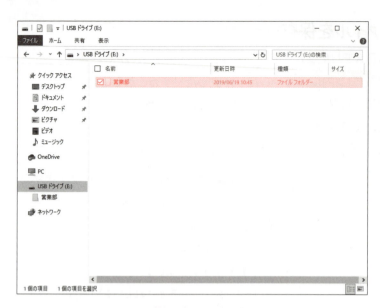

フォルダー**「営業部」**がUSBメモリにコピーされます。

※ ✕（閉じる）をクリックし、《USBドライブ（E:）》ウィンドウを閉じておきましょう。

※ファイルの書き込み中でないことを確認し、パソコンからUSBメモリを取り外しておきましょう。

STEP UP その他の方法（USBメモリにファイルを保存）

◆USBメモリを接続→ファイルが保存されているフォルダーを表示→ファイルを選択→《ホーム》タブ→《整理》グループの[コピー先]（コピー先）／[移動先]（移動先）→《場所の選択》→USBメモリのドライブを選択→《コピー》／《移動》

POINT 自動再生の設定

Windowsがメディアや周辺機器を認識すると、画面の右下にデバイス名やドライブ名が表示された通知メッセージが表示されます。この通知メッセージは、メディアや周辺機器を初めて接続した場合にのみ表示されます。2回目以降は同じ操作が自動的に実行されますが、あとからメディアや周辺機器を接続したときの操作方法を設定することもできます。
メディアや周辺機器を接続したときの再生方法を設定する方法は、次のとおりです。

◆ ⊞（スタート）→ ⚙（設定）→《デバイス》→左側の一覧から《自動再生》を選択→《リムーバブルドライブ》の ▽ →一覧から選択

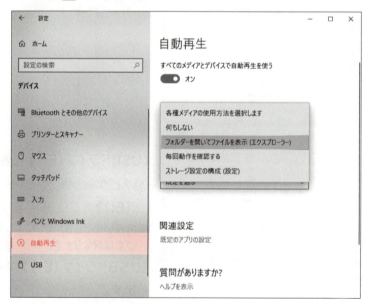

第4章

インターネットを楽しもう

Step1　Microsoft Edgeを起動する　　91
Step2　Webページを閲覧する　　93
Step3　よく見るWebページを登録する　　101

Step 1 Microsoft Edgeを起動する

1 Microsoft Edgeの起動

インターネットでWebページを見るには、**「ブラウザー」**と呼ばれるアプリを使います。Windows 10には、**「Microsoft Edge」**というブラウザーが標準で搭載されています。Microsoft Edgeは、タスクバーにピン留めされているので、アイコンをクリックするだけで起動できます。
Microsoft Edgeを起動しましょう。

①タスクバーの  (Microsoft Edge)をクリックします。

Microsoft Edgeが起動し、Webページが表示されます。

※お使いのパソコンによって、最初に表示されるWebページは異なります。
※ ☐ (最大化)をクリックして、操作しやすいようにMicrosoft Edgeを画面全体に表示しておきましょう。

👉 POINT Internet Explorerの起動

Windows 10には「Microsoft Edge」というブラウザーが標準搭載されていますが、従来のWindowsで使われていたブラウザー「Internet Explorer」も使うことができます。
Internet Explorerを起動する方法は、次のとおりです。

◆ ⊞ (スタート)→《Windowsアクセサリ》→《Internet Explorer》

> **New! Windows 10 新機能**
>
> Microsoft Edgeは、大きなボタンやアドレスバーが用意されており、タッチ操作で使いやすいシンプルなデザインになりました。また、Internet Explorerに比べて高速に表示できるようになっています。

2 Microsoft Edgeの画面構成

Microsoft Edgeの画面を確認しましょう。

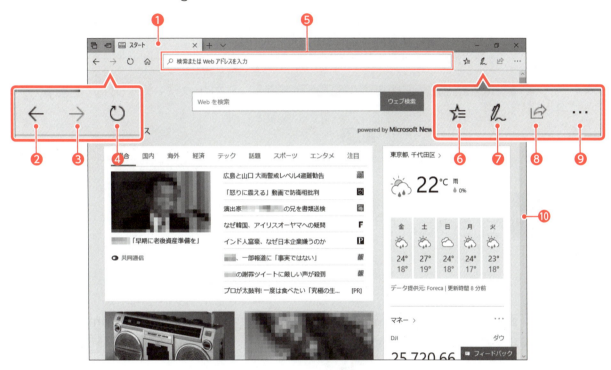

❶タブ
表示中のWebページの名前が表示されます。複数のタブを表示して、それぞれに異なるWebページを表示できます。

❷ ← （戻る）
表示中のWebページよりひとつ前に表示したWebページに戻るときに使います。

❸ → （進む）
← （戻る）で前に戻りすぎたときに使います。一度戻したWebページに逆戻りできます。

❹ ○ （最新の情報に更新）
表示中のWebページの情報を更新します。

❺アドレスバー
表示中のWebページのURLが表示されます。ここに見たいWebページのURLを入力すると、そのWebページへジャンプします。

❻ ☆ （お気に入り）
お気に入りに登録したWebページや閲覧履歴を見るときなどに使います。

❼ ✎ （メモを追加する）
Webページに手書きでメモを残すことができます。

❽ ⇗ （このページを共有する）
現在開いているWebページを、メールやOneNote、Skypeなどで他の人と共有できます。

❾ … （設定など）
Microsoft Edgeの設定を変更するときに使います。Webページを印刷したり、表示倍率を拡大・縮小したりすることもできます。

❿Webページの表示領域
Webページが表示されている領域です。

Step2 Webページを閲覧する

1 URLを指定したWebページの表示

WebページのURLがわかる場合には、直接URLをアドレスバーに入力してWebページを表示できます。
アドレスバーに次のURLを入力して、FOM出版のWebページを表示しましょう。

> https://www.fom.fujitsu.com/goods/

①アドレスバー内をクリックします。

②「https://www.fom.fujitsu.com/goods/」と入力し、Enterを押します。

FOM出版のWebページが表示されます。
③スクロールバー内のボックスを下方向にドラッグします。

画面がスクロールして、Webページの続きの情報が表示されます。

※上方向にドラッグしてWebページの先頭を表示しておきましょう。

STEP UP その他の方法（画面のスクロール）

◆ ↓ / ↑

STEP UP 画面のスクロール

Webページの画面を一画面ずつスクロールできます。縦に長いWebページを読む場合に便利です。

一画面下にスクロール

◆ Page Down

一画面上にスクロール

◆ Page Up

STEP UP URLによく使われる記号

WebページのURLによく使われる記号は、次のとおりです。

記号	読み方	キー
:	コロン	＊ け
/	スラッシュ	？ め
.	ドットまたはピリオド	＞ る
-	ハイフン	＝ ほ
_	アンダーバー	Shift + ろ

STEP UP Webページの拡大・縮小

Webページの画面を拡大したり縮小したりできます。画面を拡大すると、1画面に表示できる情報量は少なくなりますが、文字が大きくなります。反対に、画面を縮小すると、1画面に表示できる情報量は多くなりますが、文字が小さくなります。必要に応じて、画面を拡大・縮小しましょう。
Webページの画面を拡大・縮小する方法は、次のとおりです。

◆ … （設定など）→《拡大》の − （縮小）／ ＋ （拡大）

2 キーワードを使ったWebページの検索

WebページのURLがわからない場合、アドレスバーに直接キーワードを入力して目的のWebページを検索できます。条件となるキーワードを空白で区切って複数入力したり、目的の情報に直接関係のある固有名詞などを入力したりすると、より絞り込んで検索できます。

「ロンドン□旅行」というキーワードを入力し、ロンドンと旅行に関するWebページを検索しましょう。

①アドレスバー内をクリックします。
現在表示されているWebページのURLが反転表示されます。

②アドレスバーに「ロンドン□旅行」と入力し、 Enter を押します。
※□は全角空白を表します。

マイクロソフト社が運営する検索エンジン「Bing」が表示され、検索結果の一覧が表示されます。
③スクロールバー内のボックスを下方向にドラッグします。

画面がスクロールして、検索結果の続きが表示されます。

④ > （次のページ）をクリックします。

次のページの検索結果が表示されます。

※一覧から項目名を選択すると、それぞれのWebページにジャンプします。

POINT 検索エンジン

「検索エンジン」は、インターネット上の膨大な情報の中から、キーワードを使って情報を絞り込んでくれるWebページです。Bingのほかに有名な検索エンジンとして、「Yahoo! JAPAN」や「Google」、「goo」などがあります。

POINT リンクを使ったWebページの移動

Webページには、似たようなテーマを扱っているほかのWebページへの「リンク」が多く存在します。そのリンクを利用して、WebページからWebページに移動し、様々な情報にジャンプできます。リンクされている文字列には色や下線が付く場合があり、マウスをポイントすると、マウスポインターの形が 🖑 に変わります。

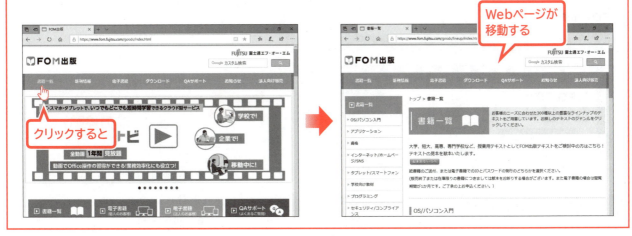

3 Webページの移動

← (戻る) を使うと、表示中のWebページよりひとつ前に表示したWebページに戻ることができます。
→ (進む) を使うと、戻りすぎたときに、一度戻したWebページに逆戻りできます。
← (戻る) を使って、前に表示したWebページに戻りましょう。

①← (戻る) をクリックします。

ひとつ前に表示していたWebページが表示されます。
②← (戻る) をクリックします。

さらに、ひとつ前に表示していたWebページが表示されます。

STEP UP その他の方法（Webページの移動）

戻る
◆ Alt + ←

進む
◆ Alt + →

4 複数のWebページの表示

現在表示しているWebページを表示したまま、別のWebページを新しいタブで表示することができます。複数のWebページを新しいタブで表示すると、Webページを戻して表示することなく、タブを切り替えて確認できるので便利です。
Webページを新しいタブで表示しましょう。

①FOM出版のWebページが表示されていることを確認します。
②一覧から表示するWebページの項目名を右クリックします。
ショートカットメニューが表示されます。
③《**新しいタブで開く**》をクリックします。

Webページが新しいタブに表示されます。
新しく表示されたタブに切り替えます。
④新しく表示されたタブを選択します。

Webページが切り替わります。
Webページを閉じます。
⑤ ✕ (タブを閉じる) をクリックします。

タブが閉じられます。

STEP UP その他の方法（タブを閉じる）

◆ Ctrl + W

STEP UP その他の方法（タブの切り替え）

右側のタブに切り替え

◆ Ctrl + Tab

左側のタブに切り替え

◆ Ctrl + Shift + Tab

STEP UP Webページを閉じる

✕（タブを閉じる）をクリックすると、表示されているWebページのみが閉じられます。すべてのタブを閉じると、Microsoft Edgeが終了します。
また、複数のタブを表示しているときにMicrosoft Edgeの ✕ （閉じる）をクリックすると、次のようなメッセージが表示され、すべてのタブを一度に閉じることができます。

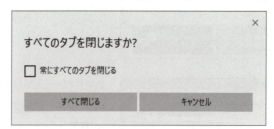

STEP UP 新しいウィンドウで開く

複数のWebページを新しいウィンドウで開くと、並べて表示することができます。
Webページを新しいウィンドウで開く方法は、次のとおりです。

◆表示するWebページの項目名を右クリック→《新しいウィンドウで開く》

※ウィンドウが重なっている場合は、ウィンドウのサイズを変更したり、タイトルバーをドラッグして移動したりします。

5 履歴の利用

閲覧したWebページは「**履歴**」として保存されています。そのため、一度閲覧したWebページをもう一度閲覧したい場合やWebページのURLがわからなくなった場合などは、履歴を利用して簡単に表示できます。
Webページの履歴を利用して、Webページを表示しましょう。

①☆（お気に入り）をクリックします。

ナビゲーションビューが表示されます。
②《**履歴**》を選択します。
閲覧したWebページの一覧が表示されます。
③表示するWebページをクリックします。

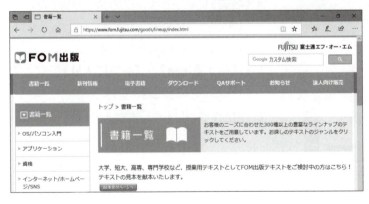

選択したWebページが表示されます。

STEP UP その他の方法（履歴の利用）

◆ Ctrl + H

POINT 履歴の削除

不要な履歴を削除する方法は、次のとおりです。
◆ ☆（お気に入り）→《履歴》→削除する履歴をポイント→✕（削除）

STEP UP InPrivateウィンドウの利用

InPrivateウィンドウを利用すると、Webページを閲覧した履歴がパソコンに保存されません。複数人で同じパソコンを共有している場合や履歴を残したくない場合に利用すると、プライバシーを保つことができます。
InPrivateウィンドウを利用する方法は、次のとおりです。
◆ …（設定など）→《新しいInPrivateウィンドウ》

Step3 よく見るWebページを登録する

1 お気に入りの登録

よく見るWebページや気に入ったWebページは、「お気に入り」に登録できます。お気に入りに登録すると、一覧から選択するだけでWebページを表示できるようになるので、URLを毎回入力したり、リンクをたどったりする手間を省くことができて便利です。また、お気に入りは、Microsoftアカウントごとに同期が取られます。同じMicrosoftアカウントでサインインしていれば、登録したお気に入りを利用できます。
よく見るWebページをお気に入りに登録しましょう。

①登録するWebページを表示します。
※ここでは、FOM出版のWebページを登録します。
②☆（お気に入りまたはリーディングリストに追加します）をクリックします。

③《お気に入り》をクリックします。
④《名前》にWebページのタイトルが表示されていることを確認します。
※別の名前に変更することもできます。
⑤《保存する場所》が《お気に入り》になっていることを確認します。
⑥《追加》をクリックします。

お気に入りに登録されます。

STEP UP その他の方法
（お気に入りの登録）
◆ [Ctrl] + [D]

2 お気に入りに登録したWebページの表示

一旦別のWebページを表示してから、お気に入りに登録したWebページを表示しましょう。

①別のWebページを表示します。
② ☆ (お気に入り) をクリックします。

ナビゲーションビューが表示されます。
③《お気に入り》をクリックします。
《お気に入り》に登録されているWebページの一覧が表示されます。
④登録したWebページをクリックします。

選択したWebページが表示されます。
※ × (閉じる)をクリックし、Microsoft Edgeを終了しておきましょう。

POINT お気に入りの整理

お気に入りに登録するURLの数が増えてくると、URLが探しづらくなります。
ジャンルごとにフォルダーを作成し、Webページを分類すると、管理しやすくなります。また、わかりやすい名前を付けておくとあとから探しやすくなります。
お気に入りにフォルダーを作成し、Webページを整理する方法は、次のとおりです。

◆ ☆(お気に入り)→《お気に入り》→ (新しいフォルダーの作成)→フォルダー名を入力

POINT お気に入りの削除

お気に入りに登録したWebページを一覧から削除する方法は、次のとおりです。

◆ ☆(お気に入り)→《お気に入り》→削除するWebページを右クリック→《削除》

STEP UP スタートページの設定

Microsoft Edgeを起動したときに最初に表示されるWebページを「スタートページ」といいます。
スタートページには、最もよく閲覧するWebページを設定しておくと便利です。
スタートページには複数のWebページを設定できます。

◆ …(設定など)→《設定》→《全般》→《Microsoft Edgeの起動時に開くページ》の ∨ →一覧から《特定のページ》を選択→《URLを入力してください》にURLを入力→ (保存)

STEP UP リーディングリスト

「リーディングリスト」とは、Webページを一時的に保存できる機能です。いつ保存したかという情報も同時に表示されるため、Webページをリーディングリストとして追加したことを振り返ることができます。お気に入りに登録するほどではないけれども、気になるというWebページを追加すると便利です。
Webページをリーディングリストに追加する方法は、次のとおりです。

◆ ☆(お気に入りまたはリーディングリストに追加します)→《リーディングリスト》→追加する名前を確認→《追加》

第5章

Windows 10を使いこなそう

Step1	よく使うアプリをピン留めする	105
Step2	スタートメニューをカスタマイズする	107
Step3	検索機能を利用する	111
Step4	Cortanaを使ってパソコンを操作する	116
Step5	仮想デスクトップを利用する	118
Step6	タイムラインを利用する	124
Step7	クリップボードを利用する	128

Step 1 よく使うアプリをピン留めする

1 ピン留めとは

「ピン留め」とは、アプリをタスクバーやスタートメニューの一覧にアイコンとして登録しておくことです。よく利用するアプリをピン留めしておくと、アイコンをクリックするだけですばやく起動できるので効率的です。

2 タスクバーにピン留め

タスクバーにアプリをピン留めすると、タスクバーにアイコンが追加されます。
タスクバーに《メモ帳》のアプリをピン留めしましょう。

① ⊞（スタート）をクリックします。
②《W》の《Windowsアクセサリ》をクリックします。
③《メモ帳》を右クリックします。
ショートカットメニューが表示されます。
④《その他》をポイントします。
⑤《タスクバーにピン留めする》をクリックします。

《メモ帳》のアイコンがタスクバーに追加されます。
※タスクバーの 🗒 (メモ帳)をクリックし、メモ帳が起動することを確認しておきましょう。
※タスクバーにピン留めしたメモ帳のアイコンを右クリック→《タスクバーからピン留めを外す》をクリックし、ピン留めしたメモ帳を削除しておきましょう。

> **POINT 起動中のアプリをピン留めする**
>
> スタートメニューからアプリをピン留めするだけでなく、起動中のアプリをピン留めすることもできます。
> 起動中のアプリをピン留めする方法は、次のとおりです。
> ◆タスクバーに表示されているアイコンを右クリック→《タスクバーにピン留めする》

> **POINT ピン留めの解除**
>
> タスクバーにピン留めしたアプリが不要になった場合、解除できます。
> タスクバーにピン留めしたアプリを解除する方法は、次のとおりです。
> ◆タスクバーにピン留めしたアプリのアイコンを右クリック→《タスクバーからピン留めを外す》

3 スタートメニューにピン留め

スタートメニューにアプリをピン留めすると、空いている領域にタイルが追加されます。
スタートメニューに《コントロールパネル》と《電卓》のアプリをピン留めしましょう。

①　(スタート)をクリックします。
②《W》の《Windowsシステムツール》をクリックします。
③《コントロールパネル》を右クリックします。
ショートカットメニューが表示されます。
④《スタートにピン留めする》をクリックします。

《コントロールパネル》のタイルがスタートメニューに追加されます。

⑤同様に、《電卓》をスタートメニューにピン留めします。

※《電卓》は、スタートメニューの《た》の一覧に表示されます。

《電卓》のタイルがスタートメニューに追加されます。

※スタートメニューの一覧から《コントロールパネル》と《電卓》をクリックし、《コントロールパネル》と《電卓》が起動することを確認しておきましょう。

POINT スタートメニューにフォルダーをピン留め

スタートメニューには、アプリ以外にもフォルダーをピン留めできます。ピン留めしたフォルダーをクリックするとフォルダーが開かれるので、すぐに作業を始めることができます。
フォルダーをスタートメニューにピン留めする方法は、次のとおりです。
◆フォルダーを右クリック→《スタートにピン留めする》

POINT ピン留めの解除

スタートメニューにピン留めしたアプリが不要になった場合、解除できます。
スタートメニューにピン留めしたアプリを解除する方法は、次のとおりです。
◆スタートメニューにピン留めしたアプリのアイコンを右クリック→《スタートからピン留めを外す》

STEP UP スタートメニューにフォルダーを表示

スタートメニューには、初期の設定で、　(設定)、　(ピクチャ)、　(ドキュメント)が表示されていますが、「エクスプローラー」や「ダウンロード」、「ミュージック」、「ビデオ」、「ネットワーク」、「個人用フォルダー」を追加できます。
スタートメニューにフォルダーを表示する方法は、次のとおりです。
◆　(スタート)→　(設定)→《個人用設定》→左側の一覧から《スタート》を選択→《スタートメニューに表示するフォルダーを選ぶ》→一覧からスタートメニューに表示するフォルダーを《オン》にする

Step 2 スタートメニューをカスタマイズする

1 グループの作成

スタートメニューは、初期の設定で、「**仕事の効率化**」や「**探る**」というグループが作成されていますが、自由に作成することもできます。関連性のあるタイルをまとめて種類や用途で分類すると、目的のアプリを起動しやすくなります。また、グループには名前を付けることができるので、わかりやすい名前を付けるとよいでしょう。
《**コントロールパネル**》と《**電卓**》のタイルを使ってグループを作成しましょう。グループには「**よく使うアプリ**」という名前を付けます。

① ■ (スタート) をクリックします。
スタートメニューが表示されます。
グループ名を作成します。

② 《**コントロールパネル**》と《**電卓**》の上の空き領域をポイントします。

③ 《**グループに名前を付ける**》と表示されたら、クリックします。

④ 「**よく使うアプリ**」と入力し、[Enter]を押します。

グループ名が作成されます。

STEP UP グループ名の変更

自分で作成したグループだけでなく、もとからあるグループ名も自由に変更できます。グループ名を変更する方法は、次のとおりです。

◆グループ名をクリック

2 グループの移動

グループが複数ある場合、よく使うグループを使いやすい位置に移動しておくと、作業しやすくなります。グループを移動するには、グループ名をドラッグします。
グループ**「よく使うアプリ」**を移動しましょう。

①スタートメニューが表示されていることを確認します。
②グループ**「よく使うアプリ」**をポイントし、マウスの左ボタンを押したままにします。

マウスの左ボタンを押したままにすると、グループ名の背景が青くなります。

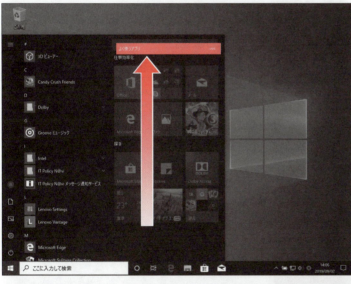

③図のように、グループ**「仕事効率化」**の上にドラッグします。
④移動先に青いバーが表示されたら、マウスから指を離します。

グループが移動します。

POINT　タイルの移動

スタートメニューのタイルは、ドラッグして使いやすいように自由に並べ替えたり、移動したりできます。また、グループ内のタイルを別の場所に移動してグループからタイルがなくなった場合は、グループが自動的に削除されます。

POINT　グループの削除

スタートメニューに作成したグループが不要になった場合、削除できます。グループを削除すると、グループ内にあるタイルも自動的に削除されます。
グループを削除する方法は、次のとおりです。
◆グループ名を右クリック→《スタートからグループのピン留めを外す》

3　タイルの整理

スタートメニューにピン留めしたアプリの数が増えた場合は、よく利用するタイルをフォルダーにまとめて整理することもできます。タイルには絵柄が表示されているため、どのアプリがまとめられているかもひと目でわかります。また、フォルダーにはわかりやすく名前を付けることもできるため、作業ごとに利用するアプリをまとめておくと便利です。
《コントロールパネル》と《電卓》のタイルをフォルダーにまとめて整理しましょう。

①スタートメニューが表示されていることを確認します。
②《電卓》のタイルを《コントロールパネル》の上にドラッグします。

フォルダーが作成され、アプリのタイルがフォルダーにまとめられます。
※《フォルダー名を指定》をクリックすると、フォルダー名を作成できます。
③　をクリックします。

アプリのタイルがフォルダー内に表示されます。

※フォルダーを右クリック→《スタートからフォルダーのピン留めを外す》をクリックし、スタートメニューにピン留めしたアプリを削除しておきましょう。

※スタートメニュー以外の場所をクリックして、スタートメニューを解除しておきましょう。

POINT　タイルの展開

ひとつにまとめられたタイルは、フォルダーをクリックすると展開されます。

POINT　フォルダーの削除

スタートメニューに作成したフォルダーが不要になった場合、削除できます。フォルダーを削除すると、フォルダー内にあるタイルも自動的に削除されます。
フォルダーを削除する方法は、次のとおりです。

◆フォルダーを右クリック→《スタートからフォルダーのピン留めを外す》

Step3 検索機能を利用する

1 エクスプローラーからファイルを検索

エクスプローラーの「**検索ボックス**」を使うと、選択している場所のフォルダーやファイルを検索できます。あらかじめ探しているフォルダーやファイルの場所がわかっている場合は、エクスプローラーから検索すると検索時間を短縮できます。

1 キーワードを使ったファイルの検索

検索ボックスにキーワードを入力してフォルダーやファイルを検索できます。
エクスプローラーの検索ボックスを使って、Cドライブから「**music**」という文字が含まれるファイルを検索しましょう。

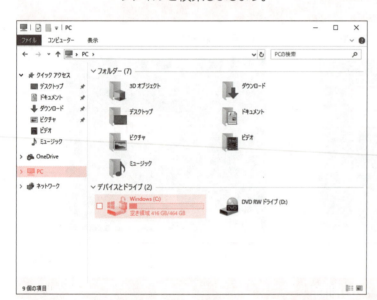

①エクスプローラーを起動します。
※タスクバーの ■ (エクスプローラー)をクリックします。
②ナビゲーションウィンドウの《**PC**》をクリックします。
③《**Windows(C:)**》をダブルクリックします。
※お使いのパソコンによって、ドライブ名は異なります。

《**Windows(C:)**》ウィンドウが表示されます。
④検索ボックスに「**music**」と入力します。
「**music**」という文字が含まれるフォルダーやファイルが表示されます。
※お使いのパソコンによって、表示される内容は異なります。

2 検索フィルターを使ったファイルの検索

エクスプローラーの検索ボックスには、様々な条件を設定できる「**検索フィルター**」が用意されています。検索フィルターを使うと、ファイルの種類や更新日時、容量などの条件を設定して検索できます。

エクスプローラーの検索ボックスを使って、《**ドキュメント**》から当月に更新されたファイルを検索しましょう。

①《**Windows(C:)**》ウィンドウが表示されていることを確認します。
②ナビゲーションウィンドウの《**ドキュメント**》をクリックします。
※《ドキュメント》が表示されていない場合は、《PC》をダブルクリックします。

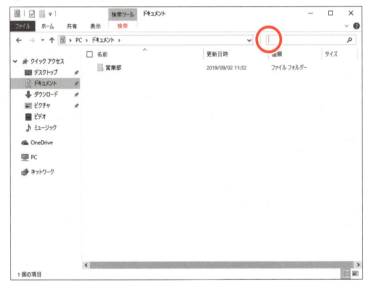

《**ドキュメント**》ウィンドウが表示されます。
③《**検索ボックス**》をクリックします。
検索ボックス内にカーソルが表示され、リボンに《**検索**》タブが表示されます。

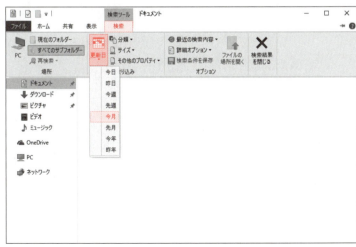

④《**検索**》タブを選択します。
⑤《**絞り込み**》グループの (更新日)をクリックします。
⑥《**今月**》をクリックします

ファイルリストに更新日時が当月の検索結果が表示されます。

※お使いのパソコンによって、表示される内容は異なります。

※ ×（閉じる）をクリックし、《検索場所：ドキュメント》ウィンドウを閉じておきましょう。

> **POINT 検索条件の保存**
>
> 検索ボックスで設定した条件に名前を付けて保存できます。保存した検索条件をダブルクリックすると、再度、保存した検索条件で検索が実行され、その時点での検索結果が表示されます。繰り返し同じ条件で検索する場合は、検索するたびに条件を入力しなくてもよいので効率的です。
> 検索条件を保存する方法は、次のとおりです。
>
> ◆ファイルを検索→《検索》タブ→《オプション》グループの ■検索条件を保存 （検索条件を保存）

> **STEP UP 検索履歴の削除**
>
> エクスプローラーには、過去に実行した検索の履歴が残ります。履歴をクリックすると、その条件で検索が実行されます。
> 検索履歴を削除する方法は、次のとおりです。
>
> ◆《検索》タブ→《オプション》グループの ● 最近の検索内容 ▼ （最近の検索内容）→《検索履歴のクリア》
> ※すべての検索履歴が削除されます。

2 タスクバーからファイルを検索

「**検索ボックス**」にキーワードを入力すると、パソコン内から目的のファイルやアプリを探し出したり、インターネット検索をしたりすることができます。

スタートメニューのどこに目的のアプリがあるかわからない場合や、パソコン内のどこに目的のフォルダーやファイルがあるかわからない場合などに使うと便利です。

また、検索範囲を絞ることもできるので、欲しい情報をすばやく見つけることができます。検索範囲は、検索ボックスをクリックすると表示されるメニューの一覧から指定できます。
検索画面の役割を確認しましょう。

❶すべて
検索範囲を指定せずに検索します。入力したキーワードをもとに、アプリやドキュメント、電子メール、インターネットなどの情報を検索できます。

❷アプリ
パソコン内のアプリを検索します。

❸ドキュメント
パソコン内のファイルを検索します。

❹電子メール
《メール》アプリの情報を検索します。

❺ウェブ
インターネット上のWebページの情報を検索します。選択するとブラウザーが起動し、入力したキーワードで検索されます。

❻その他
パソコン内の「**フォルダー**」、「**音楽**」、「**写真**」、「**人**」、「**設定**」、「**動画**」を検索範囲として検索します。

❼上位のアプリ
ユーザーが起動した回数の多いアプリが表示されます。選択するとアプリが起動します。

❽最近のアクティビティ
ユーザーが表示したファイルや閲覧したWebページなどの履歴が表示されます。選択するとファイルやWebページが表示されます。

New! Windows 10 新機能

Windows 10では、タスクバーに「検索ボックス」が用意されています。検索ボックスはタスクバーに常に表示されているので、簡単な操作で目的のファイルを検索できます。

1 検索範囲を指定して検索

あらかじめ検索範囲を指定してから検索ボックスにキーワードを入力すると、その検索範囲内で情報を検索できます。また、検索結果をクリックする前に別の検索範囲を選択すると、選択した検索範囲で検索しなおすこともできます。
検索ボックスを使って、《コントロールパネル》のアプリを検索しましょう。

①検索ボックス内をクリックします。
②《アプリ》をクリックします。
検索ボックスに「**アプリ：**」と表示されます。

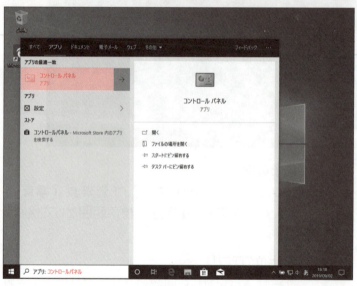

③「アプリ：」の後ろに「コントロールパネル」と入力します。
※入力した文字に呼応し、検索ボックスの上側に検索結果が表示されます。
④《コントロールパネル》をクリックします。

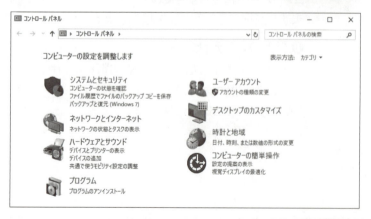

《コントロールパネル》が表示されます。
※ ✕ （閉じる）をクリックし、《コントロールパネル》を閉じておきましょう。

STEP UP　その他の方法（検索範囲を指定して検索）

◆ ⊞ ＋ Q →検索範囲を指定→検索ボックスにキーワードを入力

Step4 Cortanaを使ってパソコンを操作する

1 Cortanaとは

「Cortana（コルタナ）」とは、マイクを使ってユーザーが問いかけると、その問いかけに対してパソコンが答えを返してくれるパーソナルアシスタントです。
Cortanaを使ってできることには、次のようなものがあります。

Cortanaができること	内容
天気の確認	今日や週末の天気や地震情報などを確認できる。
カレンダー機能	予定の追加や変更、確認ができる。
リマインダー機能	場所や時間、人との予定を確認できる。
アラーム機能	予定した時間にアラームを設定できる。
音楽	音楽を再生できる。
アプリの起動	アプリを起動できる。

2 音声でアプリを操作

マイクを使って、Cortanaに「**午後3時に来客**」と話しかけ、午後3時にアラームが鳴るように設定しましょう。アラームは、**《アラーム&クロック》**のアプリに設定されます。
※パソコンにマイクが内蔵されていない場合は、外付けマイクを接続する必要があります。

①マイクが接続されていることを確認します。
② ○ （Cortanaに話しかける）をクリックします。

図のようなメッセージが表示されます。
③《許可します》をクリックします。
※初めて ○ （Cortanaに話しかける）をクリックした場合に表示されます。表示されない場合は、④に進みます。

116

Cortanaのウィンドウに《聞き取り中》と表示されます。

④マイクに向かって「午後3時に来客」と話しかけます。

※《聞き取り中》と表示されている間に話しかけます。マイクからの聞き取りが終了すると、《申し訳ありません。何も聞こえませんでした。》と表示されます。再度、 ↓ （Cortanaに話しかける）をクリックし、マイクに向かって話しかけます。

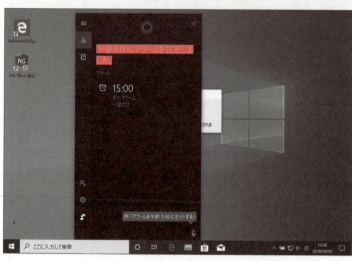

しばらくすると、《午後3：00にアラームを設定しました。》と表示され、午後3時になるとアラームが鳴るように設定されます。

※《アラーム設定を解除》と話しかけると、アラームの設定を解除できます。
※ × をクリックし、Cortanaのウィンドウを閉じておきましょう。

POINT Cortanaの活用

Cortanaに話しかけて、道順を調べたり、カレンダーに登録した予定を聞いたりするには、Cortanaが位置情報やカレンダーなどの各種情報にアクセスできるようにする必要があります。
Cortanaが各種情報にアクセスできるように設定する方法は、次のとおりです。

◆ ⊞ （スタート）→ ⚙ （設定）→《Cortana》→左側の一覧から《アクセス許可》を選択→《Cortanaがこのデバイスからアクセスできる情報を管理します》→《位置情報》／《連絡先、メール、カレンダーとコミュニケーションの履歴》／《閲覧の履歴》を《オン》にする

Windows 10 新機能

Cortanaは、自然な言葉で話しかけるだけでパソコンを操作できます。話しかけた内容にCortanaが答えられない場合は、ブラウザーが起動してマイクロソフト社の検索エンジン「Bing」での検索結果が表示されます。

Step5 仮想デスクトップを利用する

1 仮想デスクトップの追加

「**仮想デスクトップ**」とは、パソコン内に仮想的なデスクトップを複数作成できる機能です。仮想デスクトップは、作業ごとにデスクトップを切り替えながら使うと便利です。

例えば、2つ以上の作業を並行して行う場合、それぞれの作業で利用するフォルダーやファイルをいくつも起動していると、作業するフォルダーやファイルを探すのに手間取ったり、間違えて閉じてしまったりなど、作業効率が悪くなってしまうことがあります。そのようなとき、それぞれの作業に必要なフォルダーやファイルを別々のデスクトップに表示することができれば、効率よく作業を行えるようになります。

●もとのデスクトップ

仮想デスクトップを使うと作業ごとにデスクトップを切り替えて作業できる

●もとのデスクトップ

受信したメールを表示して見積書を作成する作業

●追加したデスクトップ

提出されたアンケートを集計する作業

New! Windows 10 新機能

Windows 10では、仮想デスクトップを使って、仕事用や趣味用など、用途に合わせてデスクトップを使い分けることができます。画面のサイズが小さいノートパソコンで利用する場合でも効率的に作業を行える便利な機能です。

118

既存のデスクトップでメモ帳を起動しましょう。次に、仮想デスクトップを追加し、追加したデスクトップでMicrosoft Edgeを起動しましょう。

①メモ帳を起動します。
※ ■ (スタート)→《Windowsアクセサリ》→《メモ帳》をクリックします。
仮想デスクトップを追加します。
②タスクバーの ■ (タスクビュー) をクリックします。
※ ■ をポイントすると、■ に変わります。

タスクビューが表示されます。
※お使いのパソコンによって、表示される内容は異なります。
③《新しいデスクトップ》をクリックします。

仮想デスクトップが作成されます。
仮想デスクトップに切り替えます。
④《デスクトップ2》をクリックします。

追加した仮想デスクトップが表示されます。
⑤Microsoft Edgeを起動します。
※タスクバーの ■ (Microsoft Edge)をクリックします。
Microsoft Edgeが起動し、ホームページが表示されます。

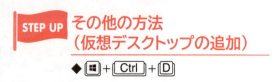

STEP UP その他の方法（仮想デスクトップの追加）

◆ ■ + Ctrl + D

第5章 Windows 10を使いこなそう

119

タスクビューの表示

タスクビューを表示するには、画面左端から内側に向かってスワイプします。
※タスクバーの ■ （タスクビュー）をタップしてもタスクビューを表示できます。

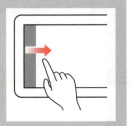

2 デスクトップの切り替え

デスクトップを切り替えるには、タスクビューを使います。
デスクトップを複数作成している場合、タスクビューに表示されるデスクトップをポイントすると、そのデスクトップで起動しているアプリのサムネイル（縮小版）が表示され、どのような作業をしていたのかを確認できます。
デスクトップを切り替えて、既存のデスクトップを表示しましょう。

①タスクバーの ■ （タスクビュー）をクリックします。

タスクビューが表示されます。
②《**デスクトップ1**》をポイントします。
《**デスクトップ1**》に起動しているアプリが表示されます。
③《**デスクトップ1**》をクリックします。

120

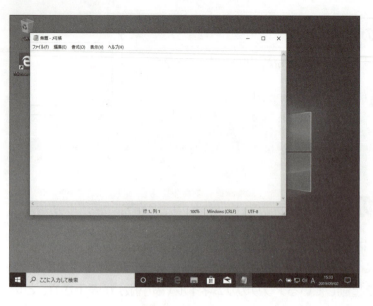

《デスクトップ1》に切り替わります。

STEP UP その他の方法（デスクトップの切り替え）

◆⊞＋Ctrl＋←／→

POINT ウィンドウをすべてのデスクトップに表示する

仮想デスクトップでは、デスクトップごとに同じアプリを起動してそれぞれ異なる内容を表示できますが、特定の内容を表示しているウィンドウをすべてのデスクトップに表示させることができます。
階層が深いところにあるファイルを表示したり、いくつものリンクをたどってきたWebページを表示したりしている場合に、再度同じ操作をしなくて済むので便利です。
特定のウィンドウをすべてのデスクトップに表示する方法は、次のとおりです。

◆タスクビューに表示されたタスクの一覧から、すべてのデスクトップに表示したいウィンドウを右クリック→《このウィンドウをすべてのデスクトップに表示する》

同じウィンドウを簡単に表示できる

また、アプリによってはデスクトップごとに起動できないものもありますが、すべてのデスクトップに同じアプリのウィンドウを表示することができます。アプリはひとつしか起動していないので、すべてのデスクトップに同じ内容が表示されます。
特定のアプリのウィンドウをすべてのデスクトップに表示する方法は、次のとおりです。

◆タスクビューに表示されたタスクの一覧から、すべてのデスクトップに表示したいウィンドウを右クリック→《このアプリのウィンドウをすべてのデスクトップに表示する》

> **POINT** 仮想デスクトップ間でのアプリの移動
>
> デスクトップを複数作成している場合、タスクの一覧に表示されたアプリを表示したいデスクトップにドラッグするだけで、アプリを別のデスクトップに移動することができます。
>
>

3 仮想デスクトップの終了

仮想デスクトップの状態は、サインアウトやWindows 10を終了しても保持されます。そのため、次にWindows 10を起動してサインインすると、再度追加しなおさなくても、仮想デスクトップに切り替えることができます。ただし、起動していたアプリは閉じられるため、再度起動しなおす必要があります。

作業が終了し、仮想デスクトップを使わない場合は、仮想デスクトップを終了します。

仮想デスクトップを終了すると、そのデスクトップで表示していたアプリは終了せずに1つ左隣のデスクトップに移動します。

①タスクバーの ■ (タスクビュー) をクリックします。

タスクビューが表示されます。

②《デスクトップ2》をポイントします。

③ ✕ をクリックします。

仮想デスクトップが終了し、《デスクトップ2》で起動していたMicrosoft Edgeが左隣のデスクトップに移動します。

④タスクバーの ❚❚ （タスクビュー）をクリックします。

※ Esc を押してもかまいません。

既存のデスクトップが表示されます。

※ ✕ （閉じる）をクリックして、メモ帳とMicrosoft Edgeを閉じておきましょう。

STEP UP　その他の方法（仮想デスクトップの終了）

◆ ⊞ + Ctrl + F4

Step6 タイムラインを利用する

1 タイムラインの表示

「**タイムライン**」とは、最大30日前までのユーザーが起動したアプリや閲覧したファイル、Webページなどの「**アクティビティ**」の履歴をタスクビューに表示する機能です。タイムラインを使うと、過去に作業していたタスクを簡単に再開することができます。
タイムラインは、タスクバーの ■ （タスクビュー）をクリックして表示します。
タイムラインを表示しましょう。

タイムラインを表示します。
①タスクバーの ■ （タスクビュー）をクリックします。
※ ■ をポイントすると、■ に変わります。

タイムラインが表示されます。
②「**今日**」に今日のアクティビティの履歴が表示されていることを確認します。
※作成したばかりのユーザーの場合、履歴は表示されません。
※お使いのパソコンによって、表示される内容は異なります。
「営業メモ.txt」と「提案メモ.txt」は第3章Step4で作成したものです。作成後、ファイルを開いていないため、変更前のファイル名と保存場所が表示されています。

③右側に表示されている ○ を下側にドラッグします。
ドラッグ中、現在表示しているタイムラインの日付が表示されます。
※ドラッグ中、○は【 に変わります。

124

アクティビティの履歴が表示されます。

POINT タイムラインの画面構成

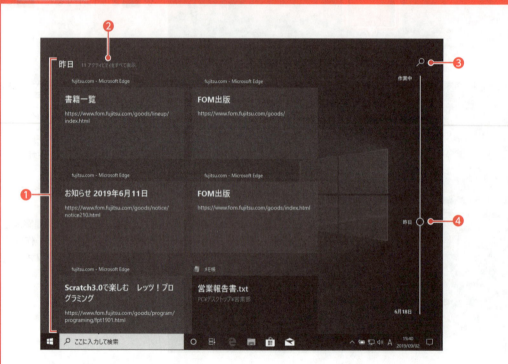

❶タイムラインの一覧
「今日」や「昨日」、「○月○日」など、日ごとにまとめられて、アクティビティの履歴が一覧で表示されます。

❷11アクティビティをすべて表示
アクティビティの履歴が多い場合に表示されます。クリックすると、選択した日付のアクティビティの履歴が、1時間単位で表示されます。
※お使いのパソコンによって、先頭の数字は異なります。

❸ 🔍
🔍をクリックして表示される検索ボックスにキーワードを入力すると、アクティビティの履歴を検索できます。
※入力したキーワードをクリアするには、検索ボックスの ✕ をクリックします。

❹ ○
ドラッグすると、アクティビティの履歴の表示位置を変更できます。

STEP UP アクティビティの履歴を表示しない

アクティビティの履歴は、初期の設定でタイムラインに表示されますが、表示しないように設定することもできます。
タイムラインにアクティビティの履歴を表示しないように設定する方法は、次のとおりです。

◆ ■(スタート)→ ⚙(設定)→《プライバシー》→左側の一覧から《アクティビティの履歴》を選択→《☐このデバイスでのアクティビティの履歴を保存する》

New! Windows 10 新機能

Windows 10では、簡単な操作で過去に閲覧したWebページを表示したり、ファイルを開いたりするタイムラインを利用できます。また、Microsoftアカウントごとに同期が取られるため、同じMicrosoftアカウントでサインインしていれば、別のパソコンでもタイムラインを共有することができます。

2 過去に作業したファイルを開く

タイムラインの一覧に表示されているファイルやWebページなどの履歴をクリックすると、アクティビティを開くことができます。ファイルを探したり、WebページのURLを入力したりする必要がないので、効率的に作業が行えます。
タイムラインに表示されているファイルを開きましょう。

①タイムラインが表示されていることを確認します。
②アクティビティの履歴の一覧からファイル「**営業メモ.txt**」をクリックします。
※お使いのパソコンによって、表示される内容は異なります。「営業メモ.txt」がない場合は、別のファイルをクリックします。

ファイル「**営業報告書**」が表示されます。
※ ✕(閉じる)をクリックして、ファイル「営業報告書」を閉じておきましょう。

STEP UP アクティビティの削除

特定のアクティビティだけでなく、特定の日付のアクティビティをすべて削除することもできます。

特定のアクティビティの削除

◆タスクバーの ■ (タスクビュー)→削除するアクティビティを右クリック→《削除》

特定の日付のアクティビティをすべて削除

◆タスクバーの ■ (タスクビュー)→削除する日付のアクティビティを右クリック→《〇月〇日からすべてクリア》

STEP UP タイムラインに表示する日数を増やす

タイムラインに表示する日数を増やすには、アクティビティの履歴をマイクロソフト社に送信することに同意する必要があります。
タイムラインに表示する日数を増やす方法は、次のとおりです。

◆ ■ (スタート)→ ⚙ (設定)→《プライバシー》→左側の一覧から《アクティビティの履歴》を選択→《☑アクティビティの履歴をMicrosoftに送信する》

※《☐アクティビティの履歴をMicrosoftに送信する》にすると、設定を戻すことができます。

STEP UP ジャンプリストからファイルを開く

タスクバーに表示されているアイコンを右クリックすると「ジャンプリスト」が表示されます。ジャンプリストには、そのアイコンのアプリで最近作業したファイルが一覧で表示されるので、一覧から選択するだけで簡単にファイルを開くことができます。

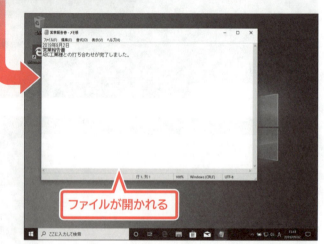

Step 7 クリップボードを利用する

1 クリップボードの履歴を有効にする

「**クリップボード**」は、データを一時的に記憶しておく領域です。Windowsでコピーを実行すると、データはクリップボードに一覧で表示され、過去の履歴をさかのぼって利用することができます。例えば、いくつかの資料からデータを持ちよって別の資料を作成するとき、始めに複数のデータをコピーしておくと、あとからまとめて貼り付けられるので効率的です。

クリップボードにデータを記憶できるようにするには、クリップボードの履歴を有効にする必要があります。

クリップボードの履歴を有効にしましょう。

① ■（スタート）をクリックします。
② ⚙（設定）をクリックします。
《設定》が表示されます。
③《システム》をクリックします。

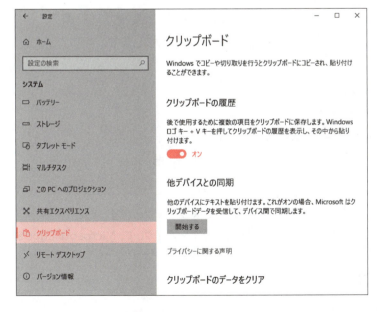

《システム》が表示されます。
④ 左側の一覧から《**クリップボード**》を選択します。
※表示されていない場合は、スクロールして調整します。
⑤《**クリップボードの履歴**》を《**オン**》にします。
クリップボードの履歴が有効になります。
※ ✕（閉じる）をクリックして、《システム》を閉じておきましょう。

STEP UP その他の方法（クリップボードの履歴を有効にする）

◆ ■ + V →《有効にする》

STEP UP ほかのデバイスとの同期

同じMicrosoftアカウントで別のパソコンにサインインすると、クリックボードの履歴を同期できます。クリップボードの履歴を、ほかのデバイスとも同期する方法は、次のとおりです。

◆ ■（スタート）→ ⚙（設定）→《システム》→左側の一覧から《クリップボード》を選択→《他デバイスとの同期》の《開始する》→画面の指示に従って設定→《オン》にする

※《他デバイスとの同期》に《開始する》が表示されていない場合は、《他デバイスとの同期》を《オン》にします。

New!　Windows 10 新機能

従来のWindowsでは、クリップボードに記憶できる情報はひとつだけでした。Windows 10では最大25項目まで保存されるようになり、データを選択して貼り付けることもできるので、様々な資料作りに有効活用できます。

---

2 クリップボードの履歴から貼り付け

クリップボードは、■＋Ⅴを押すと表示されます。表示された履歴をクリックすると、データを貼り付けることができます。

クリップボードには、4MBまでのテキストやHTML、ビットマップファイル（画像）を記憶できますが、4MB以上のデータは、コピーしてもクリップボードの一覧に表示されません。

Microsoft Edgeを起動し、Webページの情報をコピーしましょう。次に、コピーした情報をワードパッドに貼り付けましょう。

コピーするWebページを表示します。

①Microsoft Edgeを起動します。
※タスクバーの e（Microsoft Edge）をクリックします。
※ここではFOM出版のWebページの情報をコピーします。

②画像を右クリックします。

ショートカットメニューが表示されます。

③《コピー》をクリックします。

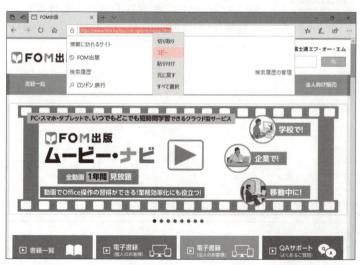

画像がコピーされます。

④WebページのURLを右クリックします。

ショートカットメニューが表示されます。

⑤《コピー》をクリックします。

※ ✕（閉じる）をクリックして、Microsoft Edgeを閉じておきましょう。

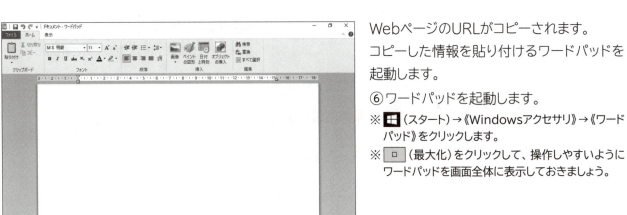

WebページのURLがコピーされます。
コピーした情報を貼り付けるワードパッドを起動します。

⑥ワードパッドを起動します。

※ ■ (スタート)→《Windowsアクセサリ》→《ワードパッド》をクリックします。

※ □ (最大化)をクリックして、操作しやすいようにワードパッドを画面全体に表示しておきましょう。

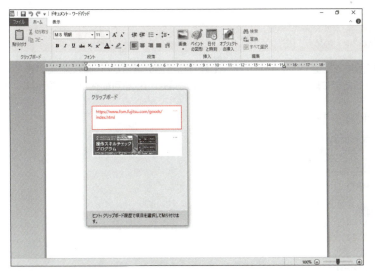

クリップボードの履歴を表示します。

⑦ ■ + Ⅴ をクリックします。

《**クリップボード**》が表示されます。

※《クリップボード》はカーソルのある位置に表示されます。

⑧WebページのURLをクリックします。

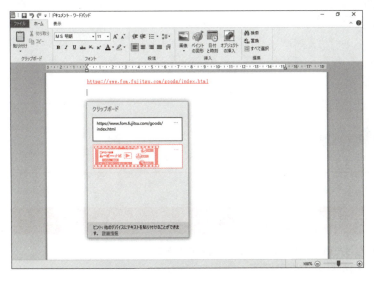

WebページのURLが貼り付けられます。

⑨ Enter を押します。

改行されます。

クリップボードの履歴を表示します。

⑩ ■ + Ⅴ をクリックします。

《**クリップボード**》が表示されます。

⑪画像をクリックします。

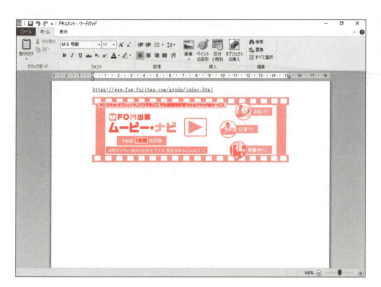

画像が貼り付けられます。

※ワードパッドを保存せずに閉じておきましょう。

POINT クリップボードの履歴のピン留め

クリップボードの履歴は最大25個まで記憶できますが、コピーし続けると古い項目から削除されていきます。また、パソコンを再起動するたびに削除されてしまうため、何度も貼り付ける可能性がある項目はピン留めしておくと便利です。

◆ ⊞ + Ⓥ →ピン留めする項目の《 … 》→《ピン留めする》

POINT クリップボードの履歴の削除

クリップボードの履歴は、不要になった項目を手動で削除することもできます。
クリップボードの履歴を削除する方法は、次のとおりです。

クリップボードの履歴をすべて削除

◆ ⊞ + Ⓥ →削除する項目の《 … 》→《すべてクリア》

クリップボードの履歴を個別に削除

◆ ⊞ + Ⓥ →削除する項目の《 … 》→《削除》

第6章

セキュリティ対策を確認しよう

Step1	パソコンを取り巻く危険を確認する	133
Step2	ウイルス対策・スパイウェア対策の状態を確認する	136
Step3	Windows UpdateでWindowsを最新の状態にする	142

Step 1 パソコンを取り巻く危険を確認する

1 パソコンを取り巻く危険

パソコンは便利で楽しい道具ですが、パソコンを取り巻く世界には危険が潜んでいることを忘れてはいけません。パソコンを安全に使うためには、どのような危険があるのかを知って、適切な対策を講じる必要があります。
危険に対して無関心だったり、適切な対策を講じなかったりすることは、家に鍵をかけずに外出するのと同じことで、いつ被害にあってもおかしくありません。
パソコンを取り巻く危険には、次のようなものがあります。

- ●ウイルス感染
- ●スパイウェア
- ●不正アクセス
---

2 パソコンがウイルスに感染する可能性

「コンピューターウイルス」 とは、パソコンに入り込んでファイルを壊したり、パソコンの動作を不安定にしたりするような悪質なプログラムのことをいい、単に**「ウイルス」**とも呼ばれます。
パソコンがウイルスに感染すると、起動しなくなったり、極端に処理が遅くなったりなど、正常に動作しなくなることがあります。逆に、正常に動作しているけれども、ウイルスに感染していることもあります。
自分のパソコンがウイルスに感染していることを知らずに、ほかの人とファイルをやり取りしていると、自分が感染源となってウイルスを拡散させてしまうこともあります。自分が被害者になるだけでなく、加害者になる危険もあるのです。

1 感染の原因

ウイルスに感染するのは、メールに添付されているファイルや、ホームページからダウンロードしたファイルが原因であることがほとんどです。中にはCDやDVD内のファイルの場合もあります。ウイルスに感染したファイルを開いた時点で、そのパソコンはウイルスに感染してしまいます。
また、悪質なホームページには、そのホームページを表示しただけでウイルスに感染するものもあります。

2 必要な安全対策

ウイルス対策として一番に心がけたいことは、「**怪しいファイルは開かない**」ことです。
知らない人から届いたメールや、怪しいホームページからダウンロードしたファイルは絶対に開いてはいけません。怪しいものには興味を引くタイトルなどが付きものです。ついファイルを開いて、ウイルスに感染してしまうことにならないよう、普段から気を付けましょう。
また、「**ウイルス対策ソフト**」の導入は必須です。ウイルスの侵入防止のほか、万が一ウイルスに感染したときには駆除する機能を備えています。

3 パソコンにスパイウェアが仕組まれる可能性

「**スパイウェア**」とは、氏名、住所、電話番号、クレジットカード番号などの個人情報を収集したり、どのようなホームページを閲覧したかといった操作情報を記録したりするなど、情報を盗み出そうとする不正なソフトウェアです。
パソコンに対してよくない動きをするので、スパイウェアもウイルスの一種として分類されることが多くなっています。

1 仕組まれる原因

スパイウェアは、ホームページからフリーソフトや体験版ソフトをダウンロードしてインストールするときに、一緒に組み込まれることが多いようです。

2 必要な安全対策

スパイウェア対策としては、「**フリーソフトや体験版ソフトは、むやみにインストールしない**」ことです。
また、使用許諾契約の内容をよく読むことも大切です。インストール時に表示される使用許諾契約の画面に、情報を収集する目的のソフトウェアが一緒にインストールされることが記載されている場合もあります。きちんと読まないために、気が付かずにスパイウェアをインストールしている場合もあるので、使用許諾契約の内容は、しっかり読むようにしましょう。
また、「**スパイウェア対策ソフト**」を使って、スパイウェアのインストールや活動をしっかり監視しましょう。

4 パソコンに第三者が不正アクセスする可能性

自分のパソコンで世界中の情報を見ることができるということは、逆に自分のパソコンも世界中から見られる可能性があるということになります。つまり、情報を盗聴・改ざんしようとする「**クラッカー**」と呼ばれる人が、インターネットを経由して、自分のパソコンに侵入するかもしれません。パソコンに不正に侵入して悪事を働くことを「**不正アクセス**」といいます。最近では、インターネットに常に接続されているパソコンが多いため、不正アクセスの被害にあう可能性が高くなっています。

1 不正アクセスの原因

不正アクセスの原因のひとつは**「なりすまし」**です。なりすましとは、不正にユーザー名やパスワードを入手した第三者が、本人のふりをしてパソコンを操作し悪用することです。なりすましの被害にあうと、身に覚えのない書き込みをされたり、購入した覚えのない商品の料金を請求されたりすることが考えられます。

また、なりすまし以外にも、不正アクセスの原因としては、**「セキュリティホール」**が挙げられます。ソフトウェアは何度も繰り返し検証したうえで製品として提供されていますが、あとから不具合が発見される場合があります。この不具合を**「バグ」**といいます。ソフトウェアの開発元は完璧な製品づくりを目指していますが、パソコンの環境や使い方は千差万別で、ある条件下ではうまく動作しない現象などが、あとから発覚することがあるのです。バグの中には、インターネットを経由して不正アクセスの温床となってしまうようなものがあり、これをセキュリティホールといいます。

2 必要な安全対策

不正アクセスされないための対策として有効なのは、**「ファイアウォール」**を使って外部からの侵入を監視することです。ファイアウォールは**「防火壁」**という意味で、クラッカーがパソコンにアクセスしたり、悪質なプログラムが侵入してパソコンを攻撃したりすることを防ぎます。

また、パソコン起動時のパスワードを設定したり、セキュリティホールを塞ぐために修正用プログラムを適用したりすることも大切です。

STEP UP Windowsファイアウォール

Windowsには、「Windowsファイアウォール」という機能が備わっており、外部からの侵入を監視するように設定されています。

Step 2 ウイルス対策・スパイウェア対策の状態を確認する

1 Windowsセキュリティの起動

Windows 10には、ウイルス対策とスパイウェア対策の両方を行ってくれる「**Windowsセキュリティ**」が用意されています。

Windowsセキュリティでは、パソコンの安全性がきちんと確保されているか、メンテナンス状況がどうなっているかなどを確認できます。パソコンのセキュリティを総合的に監視し、パソコンが安全な状態にないと判断した場合には警告を発します。

Windowsセキュリティを開いて、パソコンのセキュリティの状態を確認しましょう。

① （スタート）をクリックします。
②《W》の《Windowsセキュリティ》をクリックします。

《Windowsセキュリティ》が表示され、セキュリティの状態が表示されます。

③表示されている各項目に ✓ が表示されていることを確認します。

※ ✓ は、お使いのパソコンが十分に保護されていることを意味しています。

> **STEP UP** その他の方法（Windowsセキュリティの起動）
>
> ◆ （スタート）→ （設定）→《更新とセキュリティ》→左側の一覧から《Windowsセキュリティ》を選択→《Windowsセキュリティを開く》

POINT　Windowsセキュリティの監視内容

Windowsセキュリティでは、次のような内容を監視しています。

❶ウイルスと脅威の防止
ウイルスやスパイウェアがパソコンに侵入しないように監視します。

❷アカウントの保護
パスワードを設定したり、パソコンから離れたときに自動的にロックされるように設定したりして、ユーザーアカウントのセキュリティを監視します。

❸ファイアウォールとネットワーク保護
ファイアウォールの動作を監視します。

❹アプリとブラウザーコントロール
インターネットからダウンロードしたアプリやファイルにセキュリティ上の脅威がないかを監視します。

❺デバイスセキュリティ
パソコンに組み込まれているセキュリティの状態を確認します。

❻デバイスのパフォーマンスと正常性
パソコンのメモリ使用量やMicrosoft Storeアプリのパフォーマンス、バッテリー残量など、パソコンの状態を監視します。

❼ファミリーのオプション
パソコンに家族のユーザーアカウントを追加している場合、家族によるパソコンの使用状態を監視します。

STEP UP　市販のウイルス・スパイウェア対策ソフトをインストールした場合

パソコンに市販のウイルス・スパイウェア対策ソフトをインストールした場合、そのウイルス対策ソフトが有効になり、Windowsセキュリティは自動的に無効になります。市販のウイルス対策ソフトをアンインストールすると、Windowsセキュリティは自動的に有効になるので、ユーザーが意識して操作をする必要はありません。

2 Windowsセキュリティの設定の確認

パソコンの中にウイルスやスパイウェアが侵入しようとしていないか、常に監視することを**「リアルタイム保護」**といいます。
Windowsセキュリティのリアルタイム保護が有効になっていることを確認しましょう。

①《**Windowsセキュリティ**》が表示されていることを確認します。
②《**ウイルスと脅威の防止**》をクリックします。

《**ウイルスと脅威の防止**》が表示されます。
③《**設定の管理**》をクリックします。

《**ウイルスと脅威の防止の設定**》が表示されます。
④《**リアルタイム保護**》が《**オン**》になっていることを確認します。

3 ウイルスおよびスパイウェアの定義の更新

ウイルスやスパイウェアを見分けるための情報は「**定義ファイル**」と呼ばれる専用のファイルに書き込まれています。このファイルを使って、ウイルスやスパイウェアの侵入を監視します。日々新しく登場するウイルスやスパイウェアを発見するには、この定義ファイルが常に最新でなければなりません。

定義ファイルは自動的に最新に更新されますが、手動で更新する方法も確認しておきましょう。

①《ウイルスと脅威の防止の設定》が表示されていることを確認します。
②左側の ♡ （ウイルスと脅威の防止）をクリックします。

《ウイルスと脅威の防止》が表示されます。
③《更新プログラムのチェック》をクリックします。
※表示されていない場合は、スクロールして調整します。

《保護の更新》が表示されます。
④《更新プログラムのチェック》をクリックします。

定義ファイルのダウンロード、インストールが行われ、ウイルスおよびスパイウェアの定義ファイルが最新に更新されます。

STEP UP その他の方法（ウイルスおよびスパイウェア定義の更新）

◆通知領域の ∧ （隠れているインジケーターを表示します）→ ■ （Windowsセキュリティ）を右クリック→《保護の更新プログラムを確認》

4 スキャンの実行

ウイルスやスパイウェアがパソコンに侵入していないかどうかを調べることを**「スキャン」**といいます。スキャンは、できれば毎日、少なくとも週に1回は実行しましょう。

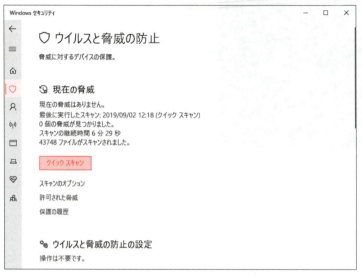

①《保護の更新》が表示されていることを確認します。

②左側の （ウイルスと脅威の防止）をクリックします。

《**ウイルスと脅威の防止**》が表示されます。

③《**クイックスキャン**》をクリックします。

※一度もスキャンをしていない場合、《今すぐスキャン》と表示されます。

スキャンの結果が表示されます。

※スキャンが終了するまで、しばらく時間がかかります。
※お使いのパソコンによって、スキャンの結果は異なります。
※ （閉じる）をクリックし、《Windowsセキュリティ》を閉じておきましょう。

POINT スキャンの種類

スキャンには、次のような種類があります。

種類	説明
クイックスキャン	パソコン内でウイルスやスパイウェアに感染しやすい場所だけをスキャンします。短時間でスキャンが終わります。
フルスキャン	パソコン内全体をスキャンします。時間はかかりますが、週に1回程度実行するようにします。
カスタムスキャン	パソコン内のドライブやフォルダーを指定してスキャンします。スキャンする場所が決まっている場合に使います。
Windows Defender オフラインスキャン	最新の定義ファイルを使って、Windows上からは確認が難しい悪意のあるソフトウェアを検出し削除します。

※《クイックスキャン》以外のスキャンをする場合は《スキャンのオプション》をクリックして設定します。

POINT ウイルスが発見された場合

ウイルスに感染した可能性があるファイルが発見された場合は、画面右下にメッセージが表示されます。検出されたファイルは、Windowsセキュリティによって自動的に削除されます。

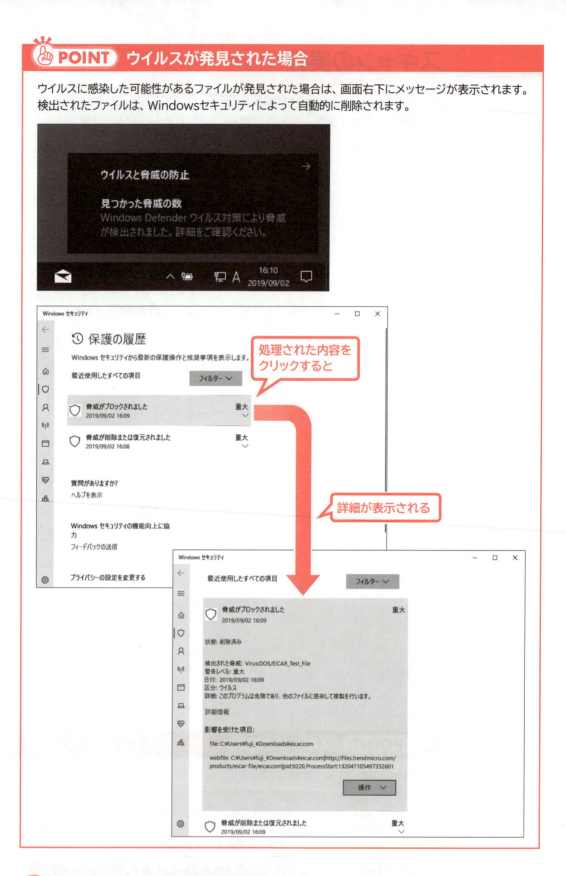

Windows 10 新機能

従来のWindowsでは、パソコンのセキュリティの状態を「アクションセンター」で確認していました。Windows 10では、セキュリティの状態の確認だけでなく、パソコンを安全に保つ定義ファイルの更新やスキャンの実行も「Windowsセキュリティ」でまとめて管理、実行できるようになりました。

Step3 Windows UpdateでWindowsを最新の状態にする

1 Windows Updateとは

Windowsには、パソコンの不具合やセキュリティの問題を修正する「**更新プログラム**」と呼ばれる修正用プログラムが提供される機能があります。この機能を「**Windows Update**」といい、更新プログラムは自動的にインストールされるように設定されています。
Windows Updateには、「**機能更新プログラム**」と「**品質更新プログラム**」の2つがあり、更新プログラムによっては、再起動が必要な場合もあります。

●機能更新プログラム
Windows 10の機能を追加・変更する更新プログラムです。年に2回実施される大型の更新で、Windows 10を最新の状態で利用できます。

●品質更新プログラム
Windowsの不具合を修正したり、ウイルスやスパイウェアなどの定義ファイルを適用したりする更新プログラムです。毎月定期的に実施され、Windows 10を安全に利用できます。

> **STEP UP 更新の一時停止**
>
> パソコンの状態によっては、Windows Updateでインストールされた更新プログラムによって、不具合が起こる場合があります。Windows Updateには、大事な資料作成中やプレゼン中など、不具合が起きては困るようなときに、更新プログラムによる更新を一時的に停止することができる機能が用意されています。最大で35日間更新を一時的に停止でき、自分のタイミングで更新プログラムをインストールできるようになっています。
> Windows Updateで更新プログラムを一時的に停止できる機能には、次のようなものがあります。
>
>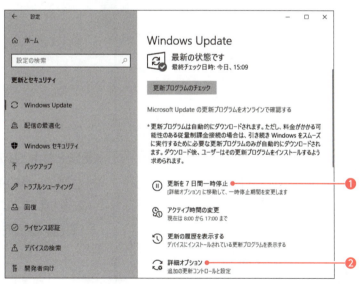
>
> **❶更新を7日間一時停止**
> クリックするたびに、7日単位で更新を停止できます。最大で35日間まで延ばすことができます。
>
> **❷詳細オプション**
> 更新プログラムをどのようにインストールするかのオプションを設定したり、更新の一時停止期間を1日単位で設定したりできます。

> **New! Windows 10 新機能**
>
> 機能更新プログラムは「Feature Update（FU）」ともいい、従来のWindowsの「サービスパック」に相当するものです。品質更新プログラムは「Quality Update（QU）」ともいい、従来のWindowsの「更新プログラム」に相当するものです。
> また、従来のWindowsでは、Windows Updateで修正プログラムをインストールすると、すぐに再起動をうながすメッセージが表示されていましたが、Windows 10では、ユーザーにとって都合のよいときまで修正プログラムのインストールを一時的に停止したり、勝手に再起動されないように設定したりできるようになりました。

2 更新履歴の表示

以前にインストールされた更新プログラムを確認しましょう。

① ⊞（スタート）をクリックします。
② ⚙（設定）をクリックします。

《設定》が表示されます。
③《更新とセキュリティ》をクリックします。
※表示されていない場合は、スクロールして調整します。

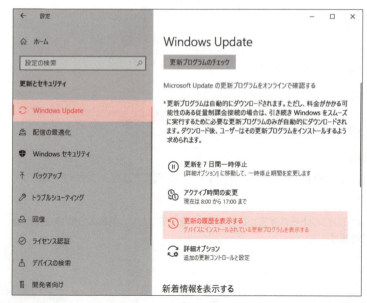

《更新とセキュリティ》が表示されます。
④左側の一覧から《Windows Update》を選択します。
⑤《更新の履歴を表示する》をクリックします。

《更新の履歴》に以前インストールされた更新プログラムの一覧が表示されます。

※ ← をクリックし、《更新とセキュリティ》を表示しておきましょう。

STEP UP 更新プログラムを手動でインストールする

更新プログラムを手動でインストールする方法は、次のとおりです。

◆ ⊞（スタート）→ ⚙（設定）→《更新とセキュリティ》→左側の一覧から《Windows Update》を選択→《更新プログラムのチェック》

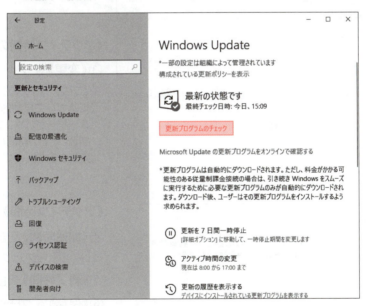

STEP UP 更新プログラムのアンインストール

更新プログラムをインストールして不具合が起こってしまった場合は、アンインストールすると、更新前の状態に戻すことができます。
更新プログラムをアンインストールする方法は、次のとおりです。

◆ ⊞（スタート）→ ⚙（設定）→《更新とセキュリティ》→左側の一覧から《Windows Update》を選択→《更新の履歴を表示する》→《更新プログラムをアンインストールする》→更新プログラムを選択→《アンインストール》

3 アクティブ時間の設定

「アクティブ時間」とは、パソコンを利用する時間のことです。アクティブ時間を設定すると、アクティブ時間内は更新プログラムの適用による再起動が行われません。初期の設定で、アクティブ時間は「8:00から17:00まで」に設定されていますが、自由に変更することもできます。また、ユーザーの作業時間のパターンに基づいてアクティブ時間を自動的に調整することもできます。

アクティブ時間を設定しましょう。

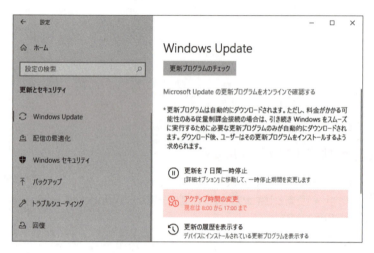

①《更新とセキュリティ》が表示されていることを確認します。
②《アクティブ時間の変更》をクリックします。

《アクティブ時間の変更》が表示されます。
③《変更》をクリックします。
※《このデバイスのアクティブ時間を、アクティビティに基づいて自動的に調整する》を《オン》にすると、ユーザーがパソコンを作業している時間を自動的に学習し、その時間帯に再起動が行われないように設定できます。

《アクティブ時間》が表示されます。
④《開始時間》を設定します。
※ ✓ をクリックすると、時刻を確定できます。
⑤《終了時間》を設定します。
⑥《保存》をクリックします。

アクティブ時間が変更されます。
※ × （閉じる）をクリックし、《アクティブ時間の変更》を閉じておきましょう。

# 第7章

Windows 10の設定をカスタマイズしよう

Step1	設定の機能を確認する	147
Step2	プリンターを接続する	149
Step3	デスクトップのデザインを設定する	153
Step4	画面解像度を設定する	161
Step5	文字の大きさとマウスポインターを設定する	163
Step6	電力節約のための設定をする	166
Step7	夜間モードを設定する	168
Step8	集中モードを設定する	170

Step 1 設定の機能を確認する

1 《設定》の表示

「設定」を使うと、デスクトップのデザインの設定、ユーザーアカウントの管理、システムやアプリの設定、インターネットの接続など、Windows 10の設定を管理したり変更したりすることができます。
《設定》を表示する場合は、スタートメニューを使用します。

① ■ （スタート）をクリックします。
② ⚙ （設定）をクリックします。

《設定》が表示されます。

STEP UP その他の方法（設定の表示）

◆ ■ + [I]

New! Windows 10 新機能

デスクトップのデザインの設定やユーザーアカウントの管理、インターネット接続など、パソコンの様々な設定を行っていた「コントロールパネル」が「設定」で行えるようになりました。設定画面は、項目が大きく表示され、タッチ操作のしやすいシンプルなデザインになっています。

POINT コントロールパネルの表示

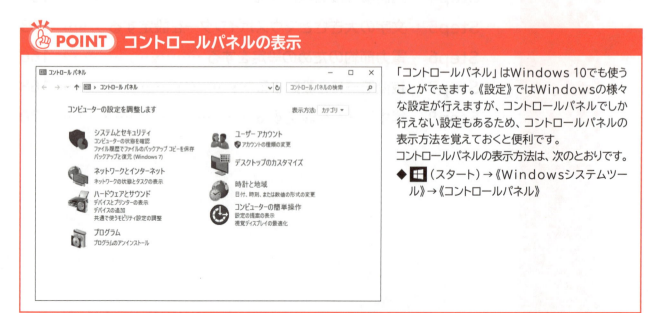

「コントロールパネル」はWindows 10でも使うことができます。《設定》ではWindowsの様々な設定が行えますが、コントロールパネルでしか行えない設定もあるため、コントロールパネルの表示方法を覚えておくと便利です。
コントロールパネルの表示方法は、次のとおりです。

◆ ■ （スタート）→《Windowsシステムツール》→《コントロールパネル》

2 《設定》の各項目の役割

《設定》の各項目の役割は、次のとおりです。

❶システム
ディスプレイの解像度やサウンド、アプリの通知、電力などを設定できます。

❷デバイス
プリンターの追加やマウスの動作などを設定できます。

❸電話
パソコンにスマートフォンを接続し、Webページの閲覧やメールの作成など、アプリの利用を同期できます。

❹ネットワークとインターネット
ネットワークの状態の確認やネットワーク設定の変更などを行えます。

❺個人用設定
デスクトップやロック画面、スタートメニューなどをカスタマイズできます。

❻アプリ
アプリのインストールやアンインストール、既定のアプリなどを設定できます。

❼アカウント
ユーザーアカウントの追加や削除、パスワードの変更などを行えます。

❽時刻と言語
日付や時刻、Windowsの表示言語などを設定できます。

❾ゲーム
パソコンでゲームを行うときの設定を行えます。

❿簡単操作
ディスプレイやマウスポインター、カーソルの表示サイズの設定、拡大鏡やテキストの音声読み上げなどパソコンの操作性を向上させる設定を行えます。

⓫検索
WebサイトやWindowsの検索設定や検索履歴の設定などを行えます。

⓬Cortana
Cortanaを使う場合のマイクの設定、言語、アクセス許可などを設定できます。

⓭プライバシー
Windowsやアプリのアクセス許可や位置情報の取得、アクティビティの履歴などを設定できます。

⓮更新とセキュリティ
Windowsを更新するプログラムのダウンロードや、セキュリティの状態の確認や変更などが行えます。

Step 2 プリンターを接続する

1 プリンターの追加

パソコンにプリンターを接続すると、Windowsが自動的にプリンターを認識して利用できる状態にしようと試みます。プリンターが自動的に設定されない場合には、ユーザーが手動で設定します。
パソコンに直接接続されているプリンターを手動で追加する方法を確認しましょう。

①《設定》が表示されていることを確認します。
※表示されていない場合は、■(スタート)→ ⚙(設定)をクリックします。
②《デバイス》をクリックします。

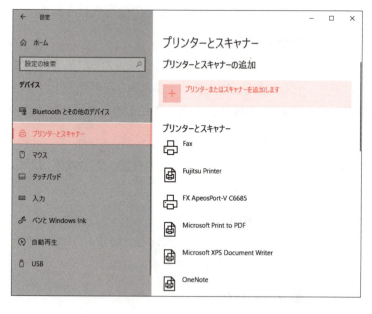

《デバイス》が表示されます。
③左側の一覧から《プリンターとスキャナー》を選択します。
《プリンターとスキャナー》にパソコンに接続されているプリンターとスキャナーが表示されます。
④《プリンターまたはスキャナーを追加します》をクリックします。

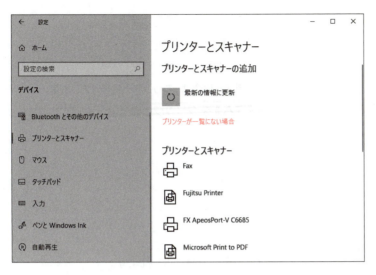

自動的に接続されているプリンターを探します。

⑤《プリンターが一覧にない場合》をクリックします。

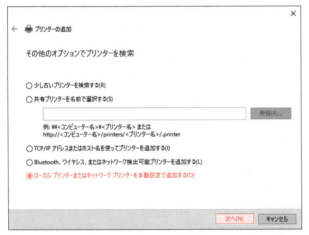

《プリンターの追加》が表示されます。

⑥《ローカルプリンターまたはネットワークプリンターを手動設定で追加する》を ◉ にします。

⑦《次へ》をクリックします。

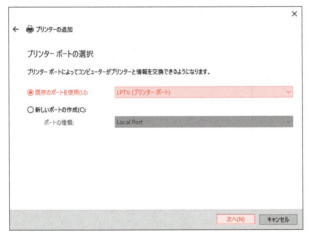

プリンターが接続されているポートを選択します。

⑧《既存のポートを使用》を ◉ にします。

⑨ ▼ をクリックし、一覧から《LPT1：（プリンターポート）》を選択します。

※プリンターポートにプリンターを接続している場合は、《LPT1：（プリンターポート）》を選択します。

⑩《次へ》をクリックします。

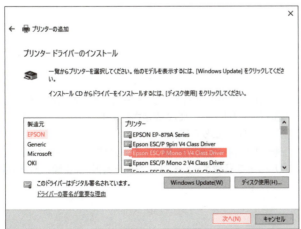

プリンターの製造元と機種を選択してドライバーをインストールします。

⑪《製造元》の一覧からプリンターの製造元を選択します。

⑫《プリンター》の一覧からプリンターの機種を選択します。

※一覧に該当する機種がない場合には、《ディスク使用》をクリックし、プリンターに付属のメディアを使ってドライバーをインストールします。

⑬《次へ》をクリックします。

プリンター名を確認します。

⑭《**プリンター名**》に表示されるプリンター名を確認します。

※変更する場合は、プリンター名を入力します。

⑮《**次へ**》をクリックします。

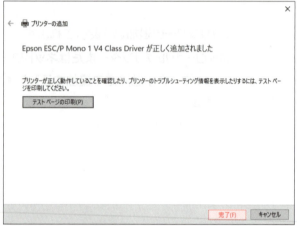

プリンターが追加されます。

※《プリンター共有》の画面が表示された場合は、《このプリンターを共有しない》を◉にし、《次へ》をクリックします。

※《テストページの印刷》をクリックすると、正しく印刷されるかどうかをテストできます。

⑯《**完了**》をクリックします。

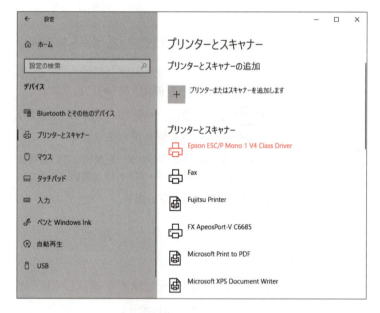

⑰設定したプリンターが表示されていることを確認します。

STEP UP 通常使うプリンター

「通常使うプリンター」とは、印刷時に既定で使用されるプリンターのことです。Windows 10では、最後に使用したプリンターが通常使うプリンターとして設定されます。
通常使うプリンターを変更する方法は、次のとおりです。

◆ ⊞（スタート）→ ⚙（設定）→《デバイス》→左側の一覧から《プリンターとスキャナー》を選択→《☐Windowsで通常使うプリンターを管理する》→プリンターを選択→《管理》→《既定として設定する》

> **POINT プリンターの削除**
>
> 追加したプリンターが不要になったら削除できます。
> プリンターを削除する方法は、次のとおりです。
> ◆ ■（スタート）→ ⚙（設定）→《デバイス》→左側の一覧から《プリンターとスキャナー》を選択→プリンターを選択→《デバイスの削除》

2 キューの表示

印刷の命令を実行すると、その命令は**「キュー」**となって、プリンターに送られます。プリンターは受け付けたキューを順番に出力していきます。
キューを表示する方法を確認しましょう。

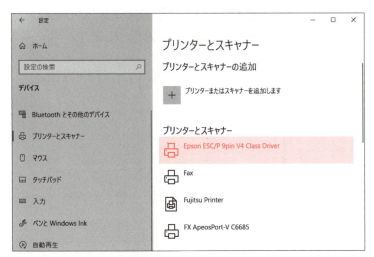

①《**プリンターとスキャナー**》が表示されていることを確認します。
② プリンターを選択します。

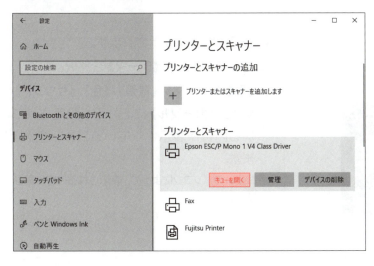

③《**キューを開く**》をクリックします。

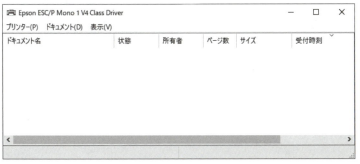

《(プリンター名)》ウィンドウが表示されます。
※キューがある場合、キューが一覧に表示されます。
※ ✕ （閉じる）をクリックし、《(プリンター名)》ウィンドウを閉じておきましょう。
※ ✕ （閉じる）をクリックし、《デバイス》を閉じておきましょう。

Step3 デスクトップのデザインを設定する

1 テーマの設定

「**テーマ**」とは、デスクトップの背景、色、サウンド、マウスカーソルの設定を組み合わせたデザインのことです。一覧からテーマを選択すると、これらの4つの項目をまとめて変更できます。また、4つの項目は、個別に設定を変更することも可能です。自分の好みに合わせてデスクトップのデザインを自由に設定できます。

現在のテーマを確認し、テーマを変更しましょう。

①《**設定**》を表示します。
※ ■ (スタート) → ⚙ (設定) をクリックします。
②《**個人用設定**》をクリックします。

《**個人用設定**》が表示されます。

③左側の一覧から《**テーマ**》を選択します。
④《**現在のテーマ**》《**背景**》《**色**》《**サウンド**》《**マウスカーソル**》にそれぞれ設定されている内容が表示されていることを確認します。
※お使いのパソコンによって、表示される内容は異なります。

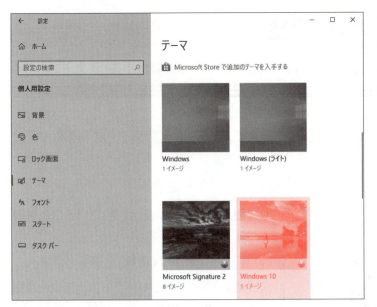

テーマを変更します。

⑤《テーマの変更》の一覧から《Windows 10》を選択します。

※表示されていない場合は、スクロールして調整します。

テーマが変更されます。

⑥《現在のテーマ》に《Windows 10》と表示され、《背景》《色》《サウンド》《マウスカーソル》にそれぞれ設定されている内容が表示されていることを確認します。

STEP UP　その他の方法（テーマの設定）

◆デスクトップの空き領域を右クリック→《個人用設定》→左側の一覧から《テーマ》を選択

POINT　標準のテーマに戻す

標準のテーマに戻すには、《テーマの変更》の一覧から《Windows》を選択します。

STEP UP　個々の項目の設定

《背景》《色》《サウンド》《マウスカーソル》の項目を個別に設定するには、それぞれの項目を選択します。

2 デスクトップの背景の設定

デスクトップに表示される画像を「**背景**」といいます。テーマを設定すると、テーマにあわせてデスクトップに表示される背景は自動的に変更されますが、個別に設定することもできます。
デスクトップの背景には、画像や色を設定できます。また、一定間隔で別の背景に切り替えることもできます。
デスクトップの背景の画像を変更しましょう。

①《個人用設定》が表示されていることを確認します。
②左側の一覧から《**背景**》を選択します。
③《**背景**》の ✓ をクリックし、一覧から《**画像**》を選択します。
④《**画像を選んでください**》の一覧から背景にする画像を選択します。
※自分で撮影した画像を選択するには、《参照》をクリックし、背景にする画像を追加します。

デスクトップの背景が変更されます。
※プレビューが選択した画像に変更されたことを確認しておきましょう。

> **STEP UP** その他の方法（デスクトップの背景の設定）
> ◆デスクトップの空き領域を右クリック→《個人用設定》→左側の一覧から《背景》を選択

> **POINT　デスクトップの背景をスライドショーに設定**
>
> 複数の画像が一定時間で切り替わるように「スライドショー」として背景を設定することもできます。
> デスクトップの背景にスライドショーを設定する方法は、次のとおりです。
> ◆⊞（スタート）→⚙（設定）→《個人用設定》→左側の一覧から《背景》を選択→《背景》の☑→《スライドショー》→《参照》→画像が保存されているフォルダーを選択→《このフォルダーを選択》
> ※画像が切り替わる間隔を変更するには、《画像の切り替え間隔》の☑をクリックします。

3　色の設定

「**色**」は、テーマを設定すると、テーマに合わせて自動的に変更されますが、Windowsの色（ウィンドウの境界やスタートメニュー、タスクバーなど）やアプリの色（ストアアプリやエクスプローラーなど）を個別に設定することもできます。また、タスクバーやスタートメニューのタイルなどに好みの色をアクセントカラーとして設定したり、背景が透けて見えるような透明効果を設定したりすることもできます。
Windowsのアクセントカラーを変更しましょう。

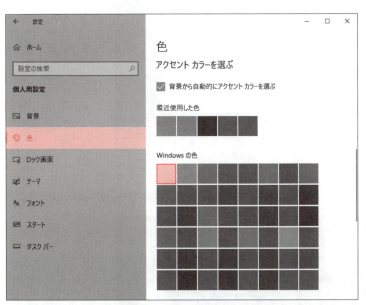

①《**個人用設定**》が表示されていることを確認します。
②左側の一覧から《**色**》を選択します。
③《**Windowsの色**》の一覧から好みの色を選択します。
※表示されていない場合は、スクロールして調整します。
※選択した色に☑が表示されます。
※《背景から自動的にアクセントカラーを選ぶ》を☑にすると、デスクトップの背景にある色の中から自動的にアクセントカラーが設定されます。

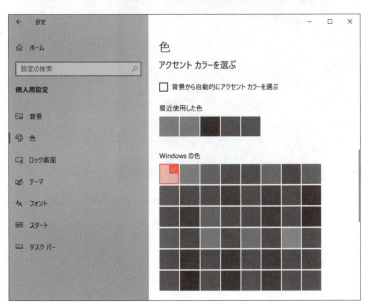

Windowsのアクセントカラーが変更されます。
※スクロールして、プレビューの色が変更されたことを確認しておきましょう。

STEP UP その他の方法（色の設定）

◆デスクトップの空き領域を右クリック→《個人用設定》→左側の一覧から《色》を選択

STEP UP 既定のモードの選択

Windowsの色やアプリの背景の色を「白」または「黒」に設定することができます。初期の設定では、《既定のWindowsモード》は黒、《既定のアプリモード》は白になっています。
既定のWindowsモードやアプリモードを「白」または「黒」に設定すると、次のようになります。

●既定のWindowsモード

初期の設定では、黒になっています。
白にすると、スタートメニューやタスクバーの背景の色が白くなります。

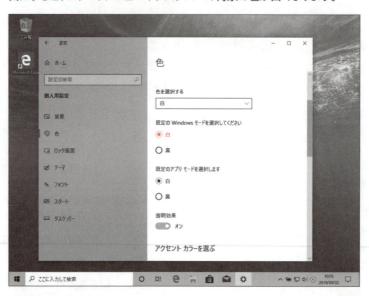

●既定のアプリモード

初期の設定では、白になっています。
黒にすると、ストアアプリやタスクバー、エクスプローラーの背景が黒くなり、文字は白くなります。

4 ロック画面の設定

パソコンをロックすると表示されるロック画面に画像を設定できます。また、ロック画面には、初期の設定で日付と時刻が表示されますが、表示するアプリを追加することもできます。
ロック画面の画像を変更しましょう。

①《個人用設定》が表示されていることを確認します。
②左側の一覧から《ロック画面》を選択します。
③《背景》の∨をクリックし、一覧から《画像》を選択します。
④《画像を選んでください》の一覧から背景にする画像を選択します。
※自分で撮影した画像を選択するには、《参照》をクリックし、背景にする画像を追加します。

ロック画面の画像が変更されます。
※プレビューが選択した画像に変更されたことを確認しておきましょう。

STEP UP その他の方法（ロック画面の設定）

◆デスクトップの空き領域を右クリック→《個人用設定》→左側の一覧から《ロック画面》を選択

POINT ロック画面の背景

ロック画面の背景には「Windowsスポットライト」「画像」「スライドショー」を設定できます。

●Windowsスポットライト
初期の設定で、Windowsスポットライトが設定されています。マイクロソフト社がおすすめする画像をランダムに表示します。

●画像
パソコンに保存されている画像を表示します。

●スライドショー
複数の画像を一定時間で切り替えて表示します。

STEP UP スクリーンセーバー

「スクリーンセーバー」とは、パソコンを一定時間操作していないときに画面に表示される画像やアニメーションのことです。パスワードを設定しておくと、スクリーンセーバーが表示されている状態から作業を再開する際に、パスワードの入力を要求できます。ほかのユーザーがパソコンを操作することを防止できるので、セキュリティを高めることができます。
スクリーンセーバーを設定する方法は、次のとおりです。

◆ ⊞（スタート）→ ⚙（設定）→《個人用設定》→左側の一覧から《ロック画面》を選択→《スクリーンセーバー設定》→《スクリーンセーバー》の ∨ →一覧から選択

※作業を再開する際にパスワードの入力を要求するには、《☑再開時にログオン画面に戻る》にします。

5 タスクバーの設定

タスクバーは常に表示されていますが、非表示にすることもできます。タスクバーを非表示にすると、マウスポインターを画面の下側に近づけたときだけ、表示されます。アプリのウィンドウを画面全体に表示できるので、作業領域を少しでも広くとりたいような場合に適しています。
タスクバーを非表示にしましょう。

①《個人用設定》が表示されていることを確認します。
②左側の一覧から《タスクバー》を選択します。

③《デスクトップモードでタスクバーを自動的に隠す》を《オン》にします。

タスクバーが非表示になります。

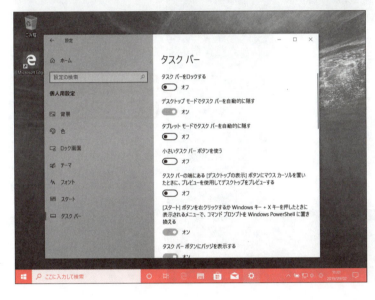

④画面の下側をポイントします。

タスクバーが表示されます。

※《デスクトップモードでタスクバーを自動的に隠す》を《オフ》にして、タスクバーが常に表示されるようにしておきましょう。

※ ■（スタート）→ ◎（設定）→《個人用設定》→左側の一覧から《テーマ》→《テーマの変更》の一覧から《Windows》を選択し、設定をもとに戻しておきましょう。

※ × （閉じる）をクリックし、《個人用設定》を閉じておきましょう。

STEP UP タスクバーの位置の変更

初期の設定では、タスクバーはデスクトップの下側に表示されていますが、上側、左側、右側に表示位置を変更することができます。
タスクバーの表示位置を変更する方法は、次のとおりです。

◆ ■（スタート）→ ◎（設定）→《個人用設定》→左側の一覧から《タスクバー》を選択→《画面上のタスクバーの位置》の ∨ →一覧から選択

STEP UP タスクバーのアイコンのサイズ変更

タスクバーに表示されているアイコンのサイズを小さくすると、表示できるアイコンの数が多くなります。また、検索ボックスは 🔎 （ここに入力して検索）に変わります。
タスクバーに表示されているアイコンのサイズを変更する方法は、次のとおりです。

◆ ■（スタート）→ ◎（設定）→《個人用設定》→左側の一覧から《タスクバー》を選択→《小さいタスクバーボタンを使う》を《オン》にする

Step 4 画面解像度を設定する

1 画面解像度とは

「**画面解像度**」とは、画面を構成する横方向と縦方向の点の数のことです。「1280×960」や「1024×768」のように表し、「**ピクセル**」や「**ドット**」という単位が使われます。画面解像度を高くすれば、画面に表示できる範囲は広くなりますが、画面上の文字は小さくなります。画面解像度を低くすれば、画面に表示できる範囲は狭くなりますが、画面上の文字は大きくなります。

●1280×960ピクセルの場合

表示範囲は広いが、文字は小さい

●1024×768ピクセルの場合

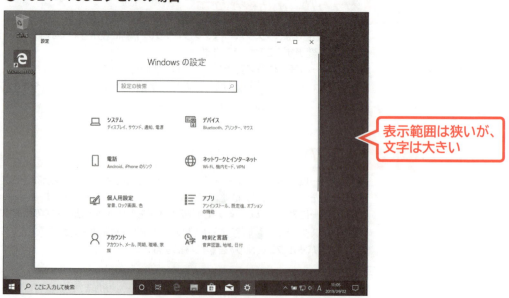

表示範囲は狭いが、文字は大きい

2 画面解像度の設定

画面解像度を「1280×960」ピクセルに変更しましょう。

※画面解像度を変更すると、スタート画面のタイルやデスクトップのアイコンの配置が変更される場合があります。ご了解のうえ、実習してください。

①《設定》を表示します。
※ ⊞ (スタート)→ ⚙ (設定)をクリックします。
②《システム》をクリックします。

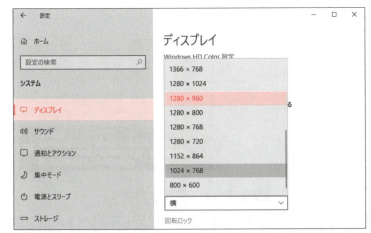

《システム》が表示されます。
③左側の一覧から《ディスプレイ》を選択します。

画面解像度を変更します。

④《ディスプレイの解像度》の ∨ をクリックし、一覧から《1280×960》を選択します。

※表示されていない場合は、スクロールして調整します。
※お使いのパソコンによって、設定できる画面解像度は異なります。
※確認メッセージが表示される場合は、《変更の維持》をクリックします。

画面解像度が変更されます。
※《ディスプレイの解像度》の ∨ をクリックし、画面解像度をもとに戻しておきましょう。
※ ✕ (閉じる)をクリックし、《システム》を閉じておきましょう。

STEP UP その他の方法（画面解像度の設定）

◆デスクトップの空き領域を右クリック→《ディスプレイ設定》→左側の一覧から《ディスプレイ》を選択→《ディスプレイの解像度》の ∨ →一覧から選択

Step 5 文字の大きさとマウスポインターを設定する

1 文字の大きさの設定

画面に表示される文字の大きさは自由に変更できます。画面解像度を高くしたり、文字が小さく見づらいと感じたりする場合に変更すると、見やすくなってパソコンの操作性を向上させることができます。
文字の大きさを変更すると、デスクトップにあるアイコンの下に表示される文字やアプリに表示される文字の大きさが変更されます。
文字の大きさを変更しましょう。

①《設定》を表示します。
※ ■(スタート)→ ⚙(設定)をクリックします。
②《簡単操作》をクリックします。
※表示されていない場合は、スクロールして調整します。

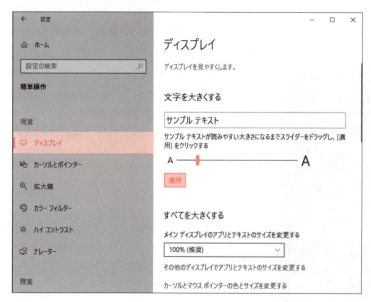

《簡単操作》が表示されます。
③左側の一覧から《ディスプレイ》を選択します。
文字の大きさを変更します。
④《文字を大きくする》の❘をドラッグします。
※ドラッグ中、スライダーの位置に合わせて拡大率が表示され、《サンプルテキスト》の文字が大きくなります。
※スライダーの位置は、初期の設定で、一番左(拡大率「100%」)に配置されています。
⑤《適用》をクリックします。

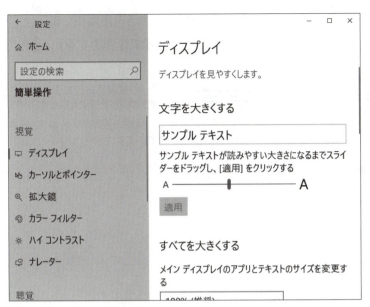

文字の大きさが変更されます。

※《文字を大きくする》の■をドラッグ→《適用》をクリックし、文字の大きさをもとに戻しておきましょう。

> **New! Windows 10 新機能**
>
> 従来のWindowsでは、文字の拡大率は、「100%」、「125%」、「150%」の3種類からしか選択できませんでしたが、Windows 10では、「100%」～「225%」まで自由に設定することができます。

2 マウスポインターの設定

ディスプレイが大きかったり画面解像度が高かったりすると、マウスポインターの位置を見失いがちですが、大きさや色を変更して探す手間を省くことができます。
また、文字を入力するときに表示されるカーソルも太さを変更して、見やすくすることができます。
マウスポインターの大きさと色、カーソルの太さを変更しましょう。

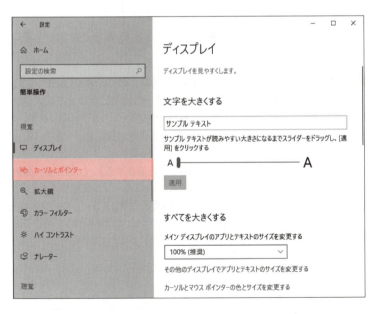

①《簡単操作》が表示されていることを確認します。

②左側の一覧から《カーソルとポインター》を選択します。

マウスポインターの大きさを変更します。

③《ポインターのサイズを変更する》の■をドラッグします。

※ドラッグ中、スライダーの位置に合わせて拡大値が表示され、マウスポインターが大きくなります。
※スライダーの位置は、初期の設定で、一番左（拡大値「1」）に配置されています。

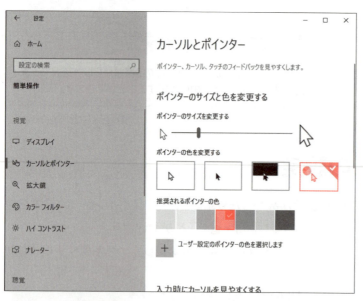

マウスポインターの色を変更します。

④《ポインターの色を変更する》の一覧から色を選択します。

⑤《推奨されるポインターの色》の一覧から好みの色を選択します。

※選択した色に✓が表示されます。

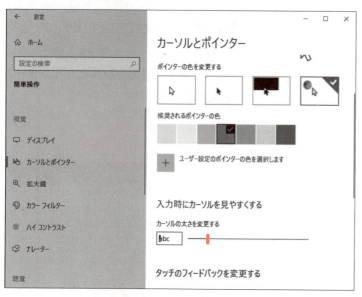

カーソルを太くします。

⑥《入力時にカーソルを見やすくする》の■をドラッグします。

※表示されていない場合は、スクロールして調整します。
※ドラッグ中、スライダーの位置に合わせて拡大値が表示され、サンプル内のカーソルが太くなります。
※スライダーの位置は、初期の設定で、一番左（拡大値「1」）に配置されています。
※《ポインターのサイズを変更する》、《ポインターの色を変更する》、《入力時にカーソルを見やすくする》をもとの設定に戻しておきましょう。
※ × （閉じる）をクリックし、《簡単操作》を閉じておきましょう。

New! Windows 10 新機能

従来のWindowsでは、マウスポインターの色を自由に設定できませんでしたが、Windows 10では、ユーザーの好みの色に変更できるようになりました。

Step 6 電力節約のための設定をする

1 電力の設定

パソコンは、パフォーマンス（処理能力）を高くすると、電力をより多く消費します。ノートパソコンなど、バッテリーで稼働するパソコンでは、パフォーマンスを低下させて消費電力を優先した方が、バッテリーを有効に利用できます。
Windows 10では、ディスプレイの電源が自動的に切断される時間やパソコンがスリープ状態に切り替わる時間が最適に設定されています。
電力を節約するためのWindowsの設定方法には、次の2段階があります。

❶ディスプレイの電源を切る
何も操作せずに一定時間が経過した場合、ディスプレイの電源を切ります。

❷パソコン本体をスリープ状態にする
何も操作せずに一定時間が経過した場合、パソコン本体をスリープ状態にして、省電力モードにします。

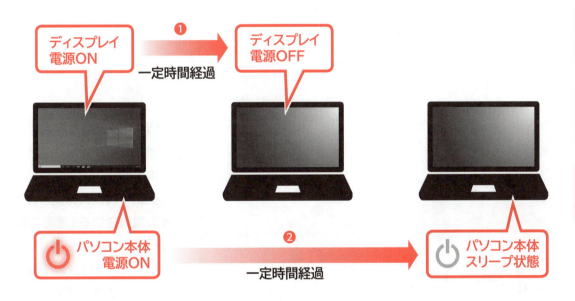

2 省電力の設定

電源を切る設定とスリープ状態にする設定をどちらも設定する場合は、一定時間経過したら画面の電源を切り、さらに一定時間経過したらスリープにするのが自然な流れとなるため、画面の電源を切る時間よりもスリープ状態にする時間を長く設定します。
一定時間パソコンを操作しなかった場合に、ディスプレイの電源が切れるように設定しましょう。さらに、操作しなかった場合に、パソコン本体がスリープ状態になるように設定しましょう。
※ここでは、電源に接続されているパソコンの省電力を設定します。

①《設定》を表示します。
※ ■（スタート）→ ⚙（設定）をクリックします。
②《システム》をクリックします。

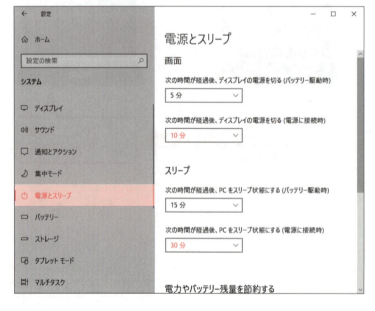

《システム》が表示されます。
③左側の一覧から《電源とスリープ》を選択します。
④《画面》の《次の時間が経過後、ディスプレイの電源を切る（電源に接続時）》の一覧から適切な時間を選択します。
⑤《スリープ》の《次の時間が経過後、PCをスリープ状態にする（電源に接続時）》の一覧から適切な時間を選択します。
※ ✕（閉じる）をクリックし、《システム》を閉じておきましょう。

Step 7 夜間モードを設定する

1 夜間モードの設定

「**夜間モード**」を設定すると、ディスプレイの色をオレンジがかった目に優しい色に変更できます。ディスプレイから発光されるブルーライトを抑えられるので、暗い場所や夜寝る前などに作業する必要がある場合に設定すると、目の負担を和らげることができます。
夜間モードを設定しましょう。

①《**設定**》を表示します。
※ ⊞（スタート）→ ⚙（設定）をクリックします。
②《**システム**》をクリックします。

《**システム**》が表示されます。
③左側の一覧から《**ディスプレイ**》を選択します。
④《**夜間モード**》を《**オン**》にします。
※お使いのパソコンによって、《夜間モード》の ⬤ が灰色で表示され、設定できない場合があります。
※《夜間モード》に記載の時刻は、本日の日没の時刻です。
⑤《**夜間モードの設定**》をクリックします。

《夜間モードの設定》が表示されます。
ディスプレイの色を調整します。

⑥《強さ》の▮をドラッグします。
※左側にドラッグすると暖かい色味が弱く、右側にドラッグすると色味が強くなります。

夜間モードの時間帯になると、ディスプレイの色が変更されます。

※ ← →《夜間モード》を《オフ》にし、設定をもとに戻しておきましょう。
※ × （閉じる）をクリックし、《システム》を閉じておきましょう。

STEP UP その他の方法（夜間モードの設定）

◆タスクバーの 🖵（通知）→《展開》→《夜間モード》を右クリック→《設定を開く》
◆タスクバーの 🖵（通知）→《展開》→《夜間モード》をクリック
※アクションセンターの《夜間モード》をクリックすると、時間に関係なく夜間モードが《オン》になります。再度クリックすると、《オフ》になります。

POINT 夜間モードの利用時間

夜間モードの利用時間は、初期の設定で《日没から朝まで》になっていますが、毎日決まった時間に設定することもできます。
夜間モードの利用時間を設定する方法は、次のとおりです。

◆ ⊞（スタート）→ ⚙（設定）→《システム》→左側の一覧から《ディスプレイ》を選択→《夜間モードの設定》→《夜間モードのスケジュール》を《オン》→《⦿時間の設定》→《オンにする》と《オフにする》の時間を設定

STEP UP ディスプレイの明るさの設定

ディスプレイの色味を変更して目の負担を軽くする夜間モードとは異なり、昼夜問わずディスプレイを一定の明るさに設定することができます。
ディスプレイの明るさを設定する方法は、次のとおりです。

◆ ⊞（スタート）→ ⚙（設定）→《システム》→左側の一覧から《ディスプレイ》を選択→《内蔵ディスプレイの明るさを変更する》の▮をドラッグ
※左側にドラッグすると暗く、右側にドラッグすると明るくなります。

New! Windows 10 新機能

夜間モードは、日没の時間や設定した時間に自動的にディスプレイの色が変更されるユーザーの健康に配慮した機能です。

Step8 集中モードを設定する

1 集中モードの設定

Windows 10では、メールの受信やWindowsからの様々な通知が画面右下にメッセージとして表示されます。「**集中モード**」を設定すると、これらの通知が一時的に表示されなくなるので、作業に集中することができます。集中モードを設定している間に通知されたメッセージは、アクションセンターに残るため、あとからメッセージを確認できます。
集中モードは、2つのレベルに分けて設定できます。

●**重要な通知のみ**
あらかじめ設定したWindows 10の機能やアプリ以外の通知を非表示にします。《**通知**》のアイコンが に変わります。

●**アラームのみ**
《**アラーム&クロック**》で設定したアラーム以外の通知を非表示にします。《**通知**》のアイコンが に変わります。

集中モードを設定しましょう。

①《**設定**》を表示します。
※ （スタート）→ （設定）をクリックします。
②《**システム**》をクリックします。

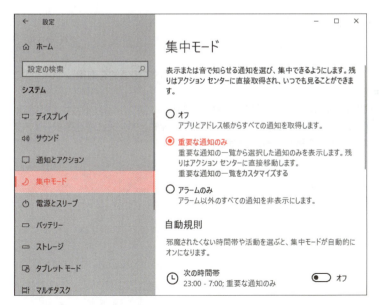

《**システム**》が表示されます。
③左側の一覧から《**集中モード**》を選択します。
④《**重要な通知のみ**》を にします。
集中モードが設定され、《**通知**》のアイコンが に変わります。

STEP UP その他の方法（集中モード）

◆タスクバーの ▣（通知）→《展開》→《集中モード》を右クリック→《設定を開く》
◆タスクバーの ▣（通知）→《展開》→《集中モード》をクリック
※アクションセンターの《集中モード》をクリックすると、クリックするたびに、集中モードのレベルを変更できます。

POINT 集中モードの利用時間

集中モードの利用時間を設定できます。また、集中モードを利用する間隔やレベルを設定することもできます。
集中モードの利用時間を設定する方法は、次のとおりです。

◆ ■（スタート）→ ⚙（設定）→《システム》→左側の一覧から《集中モード》を選択→《次の時間帯》→《集中モードをオンにする時間帯を選択します》を《オン》にする→《開始時刻》と《終了時刻》を設定

STEP UP すべての通知を取得しない場合

通知を取得するタイミングを制御できる集中モードとは異なり、すべての通知を取得しないように設定することもできます。
すべての通知を取得しないように設定する方法は、次のとおりです。

◆ ■（スタート）→ ⚙（設定）→《システム》→左側の一覧から《通知とアクション》を選択→《アプリやその他の送信者からの通知を取得する》を《オフ》にする

> **New! Windows 10 新機能**
> 集中モードは、大事な作業中に余計な通知を表示したくない場合だけでなく、集中力を保って作業をしたい場合に便利な機能です。Windows 10では様々なメッセージが通知されるため、急いで見る必要があるメッセージでなければ通知しないように設定できます。

2 通知を許可するアプリの設定

集中モードを《重要な通知のみ》に設定すると、通知を非表示にしない機能やアプリを設定できます。
通知されなかった機能やアプリは、削除されてしまうわけではなくアクションセンターに残るため、プレゼンテーション中や会議中など余計な通知を表示したくない場合に有効です。
通知を許可するアプリを設定しましょう。

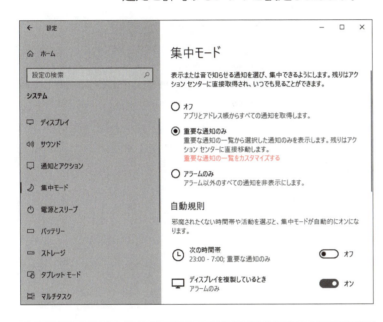

①《集中モード》の画面が表示されていることを確認します。

②《重要な通知の一覧をカスタマイズする》をクリックします。

《優先順位の一覧》が表示されます。

③《アプリを追加する》をクリックします。

※表示されていない場合は、スクロールして調整します。

172

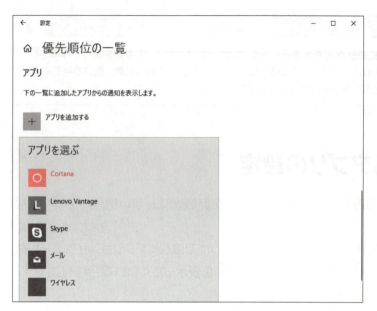

アプリの一覧が表示されます。

④《Cortana》をクリックします。

※お使いのパソコンによって、表示される内容は異なります。
※《Cortana》が表示されていない場合は、表示されているアプリを選択します。

一覧に《Cortana》が追加されます。

※ ← →《集中モード》の《オフ》を ◉ にし、設定をもとに戻しておきましょう。
※ ✕ （閉じる）をクリックし、《システム》を閉じておきましょう。

POINT　通知を許可したアプリの削除

通知を許可したアプリを削除する方法は、次のとおりです。

◆ ⊞ （スタート）→ ⚙ （設定）→《システム》→左側の一覧から《集中モード》を選択→《重要な通知の一覧をカスタマイズする》→追加したアプリを選択→《削除》

第8章

知っていると役立つ機能を確認しよう

Step1	ディスクの空き領域を増やす	175
Step2	ディスク不良を修復する	179
Step3	ディスクを最適化する	181
Step4	応答のないアプリを強制終了する	183
Step5	パソコンのネットワーク情報を確認する	188
Step6	ネットワーク上のフォルダーを共有する	191
Step7	ファイルを圧縮・展開する	195
Step8	アプリをインストールする	199

Step 1 ディスクの空き領域を増やす

1 ストレージセンサーの利用

「**ストレージセンサー**」とは、パソコンに搭載されているドライブを監視する機能です。ストレージセンサーでは、ドライブの使用状況や空き領域を確認することができます。ストレージセンサーを有効にすると、ドライブなどの空き領域が少なくなったタイミングや毎月、毎週など決まったタイミングで、一時ファイルやごみ箱の中身などの不要なファイルを削除し、空き領域を増やすことができます。

パソコンの使用状況と空き領域を確認しましょう。次に、ストレージセンサーを有効にし、ストレージセンサーを実行するタイミングを確認しましょう。

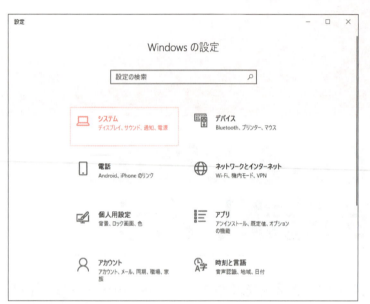

①《**設定**》を表示します。
※ ■（スタート）→ ⚙（設定）をクリックします。
②《**システム**》をクリックします。

《**システム**》が表示されます。
③左側の一覧から《**ストレージ**》を選択します。
④《**表示するカテゴリを増やす**》をクリックします。

パソコンの使用状況と空き領域がすべて表示されます。

※お使いのパソコンによって、表示される内容は異なります。
※スクロールして、パソコンの使用状況と空き領域を確認しておきましょう。

ストレージセンサーを有効にします。
⑤《ストレージセンサー》を《オン》にします。
※表示されていない場合は、スクロールして調整します。
⑥《ストレージセンサーを構成するか、今すぐ実行する》をクリックします。

《ストレージセンサーを構成するか、今すぐ実行する》が表示されます。
⑦《ストレージセンサーを実行するタイミング》が《ディスクの空き領域の不足時》になっていることを確認します。
※《ストレージセンサーを実行するタイミング》の∨をクリックすると、その他のタイミングを選択できます。
※次の操作のために、←をクリックして《システム》を表示しておきましょう。

176

STEP UP 今すぐ空き領域を増やす

ストレージセンサーを実行するタイミングを待たずに、今すぐ不要なファイルを削除して、パソコンの空き領域を増やすこともできます。
パソコンの空き領域をすぐに増やす方法は、次のとおりです。

◆ ■（スタート）→ ⚙（設定）→《システム》→左側の一覧から《ストレージ》を選択→《ストレージセンサーを構成するか、今すぐ実行する》→《今すぐクリーンアップ》

2 不要なファイルの削除

ストレージセンサーでは、削除できるファイルを自動的に検索し、設定したタイミングで削除しますが、検索されたファイルの中からユーザーが不要なファイルを選択し、削除することもできます。
ストレージセンサーで検索されるファイルには、次のようなものがあります。

ファイル	説明
縮小表示	エクスプローラーで、フォルダーを開くときに表示される画像やビデオなどの縮小版のファイルです。 このファイルを保存しておくと、フォルダーを開いたときに縮小版をすぐに表示できます。削除しても、次回フォルダーを開いたときに自動的に再作成されます。
ごみ箱	完全に削除せず、ごみ箱に一時的に格納しているファイルです。
一時ファイル	アプリ起動時に、自動的に作成される一時的なファイルのことです。通常、アプリ終了時に削除されますが、残ってしまう場合があります。
インターネット一時ファイル	ホームページへのアクセスを高速化するために、自動的に生成されるファイルです。

ストレージセンサーによって検索されたファイルから、縮小表示とインターネット一時ファイルを削除しましょう。

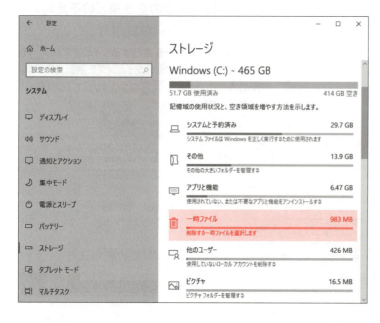

①《ストレージ》の画面が表示されていることを確認します。

②《一時ファイル》をクリックします。

※表示されていない場合は、スクロールして調整します。

《一時ファイル》が表示され、不要なファイルの検索結果が表示されます。

③《選択された合計：》に選択されたファイルの容量が表示されていることを確認します。

※お使いのパソコンによって、表示される内容は異なります。

④《縮小表示》と《インターネット一時ファイル》を☑、それ以外は☐にします。

※表示されていない場合は、スクロールして調整します。

⑤《選択された合計：》に選択したファイルの容量が表示されていることを確認します。

⑥《ファイルの削除》をクリックします。

ファイルが削除されます。

⑦《選択された合計：》が《0バイト》と表示されることを確認します。

※　（閉じる）をクリックして、《一時ファイル》を閉じておきましょう。

New! Windows 10 新機能

Windowsには、同じような機能として「ディスククリーンアップ」があります。ディスククリーンアップもドライブ内の不要なファイルを検索することができる機能ですが、削除するファイルをユーザーが選択する必要がありました。
ストレージセンサーは、設定したタイミングで不要なファイルが自動的に削除されるので、ユーザーが意識しなくても、ドライブの空き領域を確保することができます。

178

Step2 ディスク不良を修復する

1 エラーチェック

「**エラーチェック**」を使うと、ディスクそのものに不良がないか、格納されているファイルに損傷がないかなどをチェックできます。また、エラーがあった場合には、可能な限り自動修復します。

エラーチェックを使って、Cドライブに不良がないかを確認しましょう。

※エラーチェックには時間がかかる場合があります。ご了解のうえ、実習してください。

①エクスプローラーを起動します。
※タスクバーの ■（エクスプローラー）をクリックします。
②ナビゲーションウィンドウの《**PC**》をクリックします。
③《**Windows（C：）**》を右クリックします。
※お使いのパソコンによって、ドライブ名は異なります。
ショートカットメニューが表示されます。
④《**プロパティ**》をクリックします。

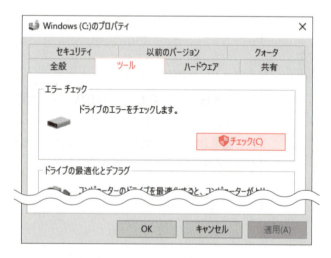

《**Windows（C：）のプロパティ**》ダイアログボックスが表示されます。
⑤《**ツール**》タブを選択します。
⑥《**チェック**》をクリックします。

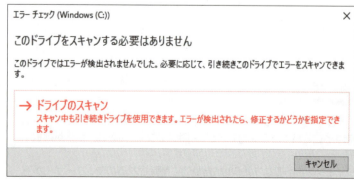

《**エラーチェック**》ダイアログボックスが表示されます。
⑦《**ドライブのスキャン**》をクリックします。

エラーチェックが完了すると、チェック結果が表示されます。

⑧《閉じる》をクリックします。

※ ×（閉じる）をクリックし、《Windows（C:）のプロパティ》ダイアログボックスを閉じておきましょう。

※ ×（閉じる）をクリックし、《PC》ウィンドウを閉じておきましょう。

STEP UP ドライブの状態の確認

コントロールパネルを使って、ドライブの状態を確認することができます。ディスク不良が特にない場合は、《すべてのドライブが正しく動作しています。》と表示されます。

ドライブの状態を確認する方法は、次のとおりです。

◆ ⊞（スタート）→《Windowsシステムツール》→《コントロールパネル》→《システムとセキュリティ》→《セキュリティとメンテナンス》→《メンテナンス》の ⌄ →《ドライブの状態》を確認

STEP UP ユーザーアカウント制御

標準のユーザーアカウントでパソコンに重大な変更を加えようとしたり、🛡が表示された操作をしようとしたりすると、《ユーザーアカウント制御》ダイアログボックスが表示されます。このダイアログボックスが表示された場合、操作を続けるには管理者の許可が必要になり、管理者が許可をした場合のみ設定を変更できます。

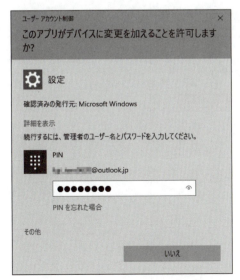

Step3 ディスクを最適化する

1 最適化

パソコンを長い間使用していると、ハードディスク内にファイルを連続して保存できる領域がなくなり、ファイルを分散して保存するようになります。これを**「断片化」**といいます。断片化したファイルはアクセスに時間がかかります。

「最適化」を使うと、ハードディスク内の断片化したファイルを配置しなおし、ファイルへのアクセス速度を改善できます。最適化は**「デフラグ」**、**「ディスクデフラグ」**ともいいます。
最適化を使って、Cドライブの断片化を解消し、アクセス速度を改善しましょう。
※最適化には時間がかかる場合があります。ご了解のうえ、実習してください。

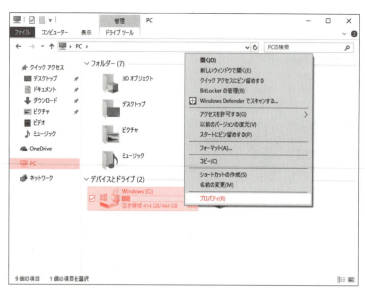

①エクスプローラーを起動します。
※タスクバーの ■ (エクスプローラー)をクリックします。
②ナビゲーションウィンドウの《PC》をクリックします。
③《Windows (C:)》を右クリックします。
※お使いのパソコンによって、ドライブ名は異なります。
ショートカットメニューが表示されます。
④《プロパティ》をクリックします。

《Windows (C:)のプロパティ》ダイアログボックスが表示されます。
⑤《ツール》タブを選択します。
⑥《最適化》をクリックします。

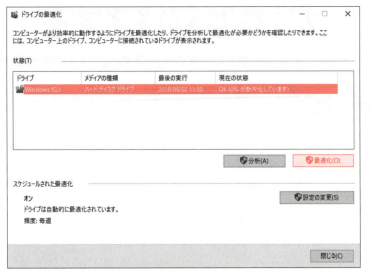

《**ドライブの最適化**》ウィンドウが表示されます。

⑦一覧から《**Windows（C:）**》を選択します。
※お使いのパソコンによって、表示される内容は異なります。

⑧《**最適化**》をクリックします。

最適化が開始されます。

⑨《**最後の実行**》と《**現在の状態**》に現在の状況が表示されていることを確認します。

最適化が完了すると、《**最後の実行**》に最適化を実行した日時が表示されます。

⑩《**閉じる**》をクリックします。

※ × （閉じる）をクリックし、《Windows（C:）のプロパティ》ダイアログボックスを閉じておきましょう。
※ × （閉じる）をクリックし、《PC》ウィンドウを閉じておきましょう。

Step4 応答のないアプリを強制終了する

1 タスクマネージャーとは

「タスクマネージャー」を使うと、作業中のタスクの状況やCPU、メモリの使用率などを確認できます。また、アプリを操作中にまったく反応しなくなった場合には、タスクマネージャーを使って強制的に終了することができます。
タスクマネージャーを起動するには、[Ctrl]+[Alt]+[Delete]を使います。

2 タスク・CPU・メモリの確認

タスクマネージャーを起動し、作業中のタスクの状況やCPU・メモリの使用率などを確認しましょう。
ここでは、Windowsセキュリティでスキャンを実行しながら、タスクマネージャーの表示を確認します。

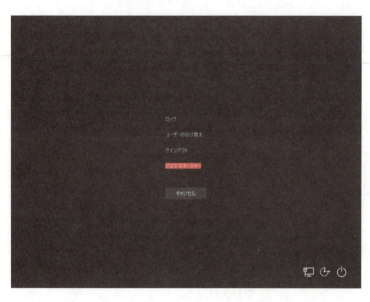

①Windowsセキュリティでスキャンを実行します。
※ ■(スタート)→《Windowsセキュリティ》→ ○（ウイルスと脅威の防止）→《クイックスキャン》をクリックします。
②[Ctrl]+[Alt]+[Delete]を押します。
図のような画面が表示されます。
③《タスクマネージャー》をクリックします。

《タスクマネージャー》ウィンドウが表示されます。
④《Windowsセキュリティ》が表示されていることを確認します。
※現在実行しているアプリが表示されます。
⑤《詳細》をクリックします。

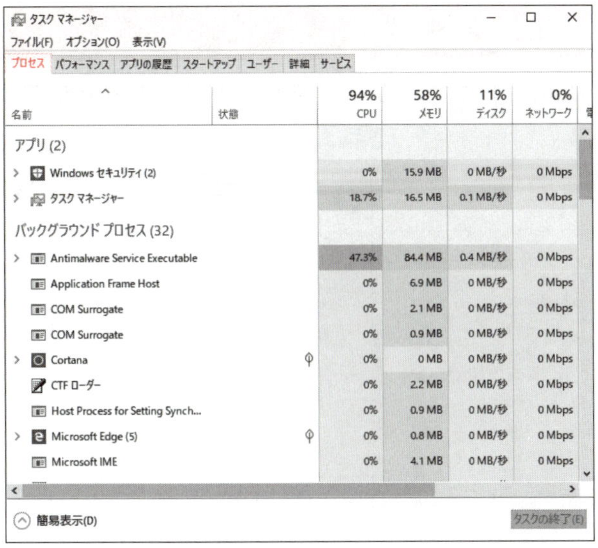

⑥《プロセス》タブを選択します。

作業中のタスクの詳細を確認できます。

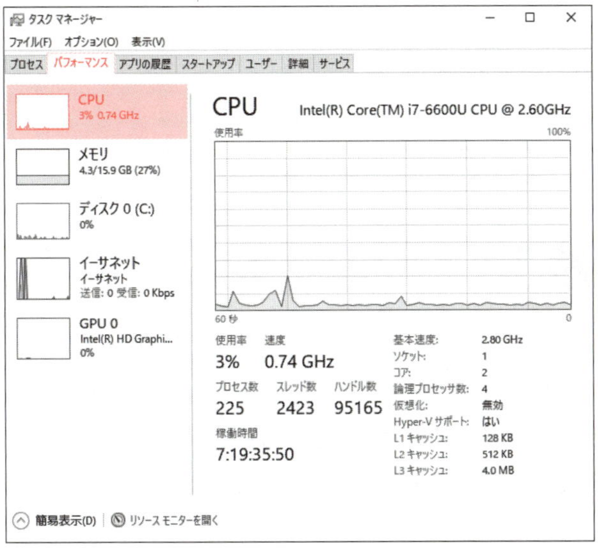

⑦《パフォーマンス》タブを選択します。

⑧《CPU》をクリックします。

CPUの使用率や速度を確認できます。

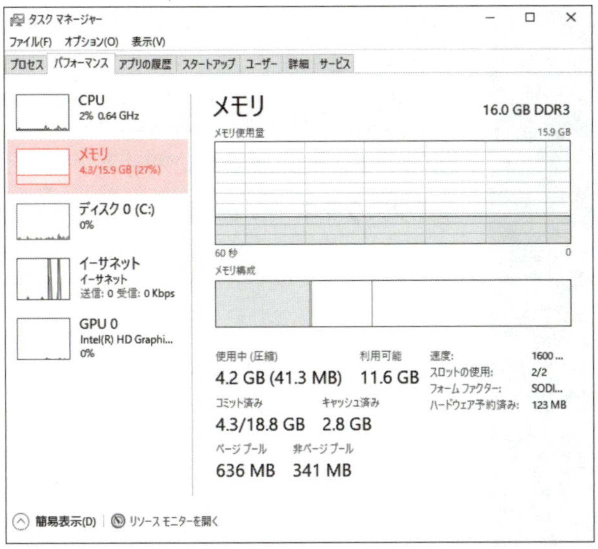

⑨《メモリ》をクリックします。

メモリの使用状況を確認できます。

⑩同様に、《ディスク》の情報を確認します。

※《簡易表示》をクリックし、タスクマネージャーを簡易表示に戻しておきましょう。

※ ✕ （閉じる）をクリックし、《タスクマネージャー》ウィンドウを閉じておきましょう。

※次の操作のために、Windowsセキュリティのスキャンは実行したままにしておきましょう。

STEP UP　その他の方法（タスクマネージャーの起動）

◆ ⊞ （スタート）→《Windowsシステムツール》→《タスクマネージャー》

◆ ⊞ （スタート）を右クリック→《タスクマネージャー》

184

POINT アプリの使用履歴の確認

《タスクマネージャー》ウィンドウの《アプリの履歴》タブでは、アプリの起動時間やネットワーク使用量などを確認できます。

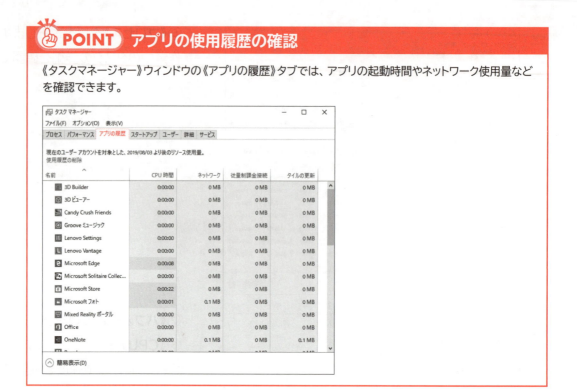

3 応答しないタスクの終了

アプリを作業中、マウスやキーボードからの操作にパソコンがまったく反応しなくなってしまうことがあります。反応しなくなったアプリは、タスクマネージャーを使って終了できます。ただし、作業中の保存していないデータは失われる可能性があります。
起動中のWindowsセキュリティが応答していないと仮定して、タスクマネージャーを使って終了させましょう。

①Windowsセキュリティが起動していることを確認します。
②[Ctrl]+[Alt]+[Delete]を押します。
図のような画面が表示されます。
③《タスクマネージャー》をクリックします。

《タスクマネージャー》ウィンドウが表示されます。

④一覧から《Windowsセキュリティ》を選択します。

⑤《タスクの終了》をクリックします。

Windowsセキュリティが終了します。

※ ✕（閉じる）をクリックし、《タスクマネージャー》ウィンドウを閉じておきましょう。

4 Windowsの強制終了

アプリをすべて終了しているにもかかわらずパソコンが反応しない場合や、タスクマネージャーを起動できない場合には、Windowsを強制終了させて、電源を切断します。

1 強制終了の手順

次の順番で段階的に強制終了を試みます。

2 強制終了

起動中のWindowsが応答しないと仮定して、Ctrl + Alt + Delete で強制終了しましょう。

① Ctrl + Alt + Delete を押します。
図のような画面が表示されます。
② （電源）をクリックします。
③《シャットダウン》をクリックします。
Windowsが強制終了されます。

STEP UP Windowsの初期化

パソコンの調子が悪く、動作が不安定な場合は、Windowsを初期化してインストールしなおすことができます。
Windowsを初期化する方法には、次の2つがあります。

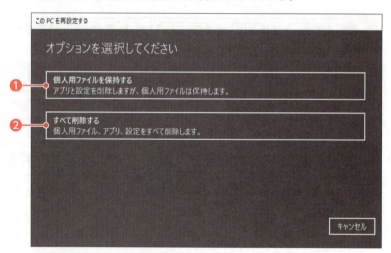

❶個人用ファイルを保持する
OSだけを再インストールします。アプリやパソコンの設定は削除されますが、ドキュメントや写真、音楽などの個人的なファイルには影響はありません。

❷すべて削除する
パソコンのすべてのデータを削除して、OSを再インストールします。

Windowsを初期化する方法は、次のとおりです。
◆ ⊞（スタート）→ ⚙（設定）→《更新とセキュリティ》→左側の一覧から《回復》を選択→《このPCを初期状態に戻す》の《開始する》→《個人用ファイルを保持する》/《すべて削除する》→指示に従って設定

Step 5 パソコンのネットワーク情報を確認する

1 ネットワークとは

複数のパソコンをケーブルなどで接続して利用する形態を**「ネットワーク」**といいます。このネットワーク上には、文字や写真、ファイルなど様々な種類のデータが流れ、情報を伝達する役割を担っています。
ネットワークは接続する規模によって、次のように分類されます。

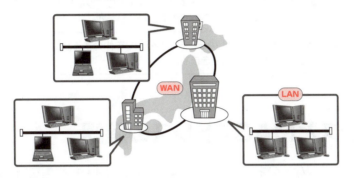

●LAN
「**LAN**」とは、同一建物や敷地内などの比較的狭い範囲で、複数のパソコンやプリンターなどをケーブルなどで接続したネットワークのことです。Local Area Networkの略です。

●WAN
離れた場所にあるLAN同士を相互に接続した広域のネットワークのことです。Wide Area Networkの略です。

●インターネット
世界中のLANやWANなどのネットワークを相互に接続した世界規模のネットワークのことです。

STEP UP ネットワークの接続方法

パソコンをネットワークに接続する方法には、「ケーブル接続」と「ワイヤレス接続」があります。

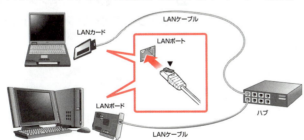

●ケーブル接続
「ケーブル接続」とは、LANケーブルを使用してパソコンとネットワークを接続する方法です。
ケーブル接続するためのハードウェアには、次のようなものがあります。

種類	説明
LANボード	パソコンをネットワークに接続するための拡張ボードです。LANボードには、LANケーブルを差し込むための「LANポート」があります。ほとんどのパソコンに標準で装備されています。
LANケーブル	パソコンをLANに接続するためのケーブルです。ケーブルのプラグをパソコンのLANポートとハブのポートにそれぞれ差し込みます。
ハブ	LANケーブルをまとめる集線装置です。ハブには、LANケーブルを差し込むためのポートがあります。ハブに用意されているポートの数だけパソコンを接続できます。

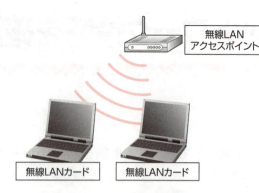

● ワイヤレス接続

「ワイヤレス接続」とは、LANケーブルを使用せず、無線通信でパソコンとネットワークを接続する方法です。「ワイヤレス通信」または「無線接続」ともいわれます。LANケーブルを使わないので、オフィスレイアウトを頻繁に変更したり、配線が容易でなかったり、または美観を重視したりするような場所で利用されます。ワイヤレス接続をするためのハードウェアには、次のようなものがあります。

種類	説明
無線LANカード	無線LANアクセスポイントを介してネットワークに接続するための拡張カードです。ほとんどのパソコンに標準で装備されています。
無線LANアクセスポイント	無線LANカード同士のデータのやり取りを仲介する装置です。パソコンの設置場所を自由に移動して使用できます。

2 IPアドレスとMACアドレスの確認

インターネットやLANなどのネットワークでは、パソコン同士が通信を行う場合、通信相手を識別するために「IPアドレス」や「MACアドレス」が必要です。

● IPアドレス

ネットワークに接続されているパソコンに割り当てる一意の識別番号のことです。IPアドレスは、「10.102.250.1」のように1〜255の範囲の数値を「.(ピリオド)」で区切った番号です。

● MACアドレス

LANボードなどに製造段階で付けられる一意の識別番号のことです。ネットワーク内の各パソコンを識別するために付けられています。「**物理アドレス**」ともいいます。

パソコンに設定されているIPアドレスとMACアドレスを確認しましょう。

①《**設定**》を表示します。
※ ■(スタート)→ ⚙(設定)をクリックします。
②《**ネットワークとインターネット**》をクリックします。

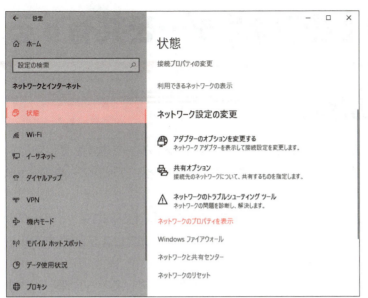

《ネットワークとインターネット》が表示されます。

③左側の一覧から《状態》を選択します。

④《ネットワークのプロパティを表示》をクリックします。

※表示されていない場合は、スクロールして調整します。

《ネットワークのプロパティを表示》が表示されます。

⑤《物理アドレス（MAC）》にMACアドレス、《IPv4アドレス》にIPアドレスが表示されていることを確認します。

※ ×（閉じる）をクリックして、《ネットワークのプロパティを表示》を閉じておきましょう。

STEP UP　その他の方法（IPアドレスとMACアドレスの確認）

◆ ⊞（スタート）→《Windowsシステムツール》→《コントロールパネル》→《ネットワークの状態とタスクの表示》→《アダプターの設定の変更》→ネットワークに接続しているアイコンを右クリック→《状態》→《詳細》

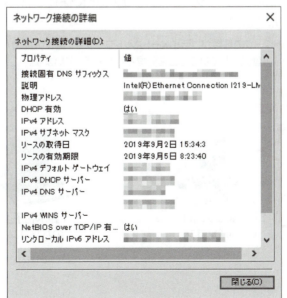

190

Step 6 ネットワーク上のフォルダーを共有する

1 共有フォルダーの作成

ネットワークに接続されているパソコンでは、パソコン内のフォルダーを共有して、別のパソコンからアクセスすることができます。フォルダーを共有すると、フォルダー内のファイルもすべて共有されます。

ネットワーク上のフォルダーを共有するには、共有するパソコン同士が同じネットワークの種類に接続されており、フォルダーの共有元のパソコンには、アクセスを許可するユーザーアカウントとパスワードが作成されている必要があります。

共有フォルダーへのアクセスは、共有元のパソコンの電源が入っているときに限られますが、パソコン間でのファイルのやり取りが容易になり、作業を効率化できるというメリットがあります。

STEP UP ネットワークの種類

Windows 10で構築できるネットワークの種類には、次のようなものがあります。

●プライベートネットワーク
家庭内や職場内のように、信頼できる環境で利用するネットワークです。
家庭内にネットワークを構築する場合、接続するパソコン同士で「ホームグループ」というグループを形成します。
職場内にネットワークを構築する場合、接続するパソコン同士で「ワークグループ」または「ドメイン」というグループを形成します。

●パブリックネットワーク
ホテルや空港のように、公共の場所で利用するネットワークです。パソコンをほかのパソコンから見えないようにし、インターネット上の悪意のあるソフトウェアからパソコンを保護する場合に利用します。

ネットワークの種類を確認する方法は、次のとおりです。
◆ ■(スタート)→ ⚙(設定)→《ネットワークとインターネット》→《ネットワークの状態》を確認

フォルダーを共有して、別のパソコンからアクセスできるように設定しましょう。
ここでは、「富士太郎」のパソコンのドキュメントに保存されているフォルダー「営業部」を共有できるようにします。

※本書では、ネットワークの種類がプライベートネットワークで、富士太郎のパソコンに鈴木花子のユーザーアカウントがあらかじめ登録されていることを前提として実習しています。

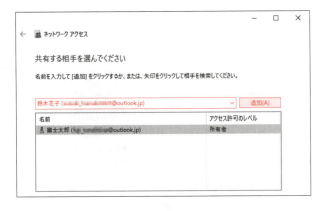

フォルダー「**営業部**」が保存されているドキュメントを表示します。

①エクスプローラーを起動します。
※タスクバーの ■(エクスプローラー)をクリックします。
②ナビゲーションウィンドウの《**ドキュメント**》をクリックします。
※《ドキュメント》が表示されていない場合は、《PC》をダブルクリックします。

フォルダー「**営業部**」を共有します。
③フォルダー「**営業部**」を右クリックします。
ショートカットメニューが表示されます。
④《**アクセスを許可する**》をポイントします。
⑤《**特定のユーザー**》をクリックします。

《**ネットワークアクセス**》ウィンドウが表示されます。
⑥ ✓ をクリックし、一覧からユーザーを選択します。
⑦《**追加**》をクリックします。

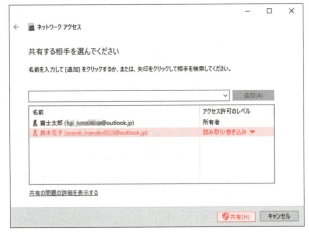

一覧にユーザーが追加されます。
⑧《**アクセス許可レベル**》の ▼ をクリックし、一覧から《**読み取り/書き込み**》を選択します。
⑨《**共有**》をクリックします。

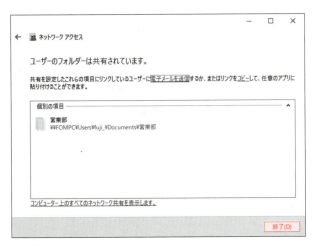

フォルダーが共有されます。
⑩《**終了**》をクリックします。

POINT アクセス許可レベル

「アクセス許可レベル」とは、フォルダーやファイルへアクセスできる権利を段階的に設定するものです。アクセス許可レベルを使うと、このフォルダーは内容を見てもよいが変更はさせない、このフォルダーは自由に編集してもよい、といったような制御が可能になります。
共有フォルダーのアクセス許可レベルには、「読み取り」と「読み取り/書き込み」があります。

アクセス許可レベル	説明
読み取り	フォルダーやファイルを開いたり、コピーしたりすることができます。内容を変更したり削除したりすることはできません。
読み取り/書き込み	フォルダーやファイルの内容を変更したり削除したりすることができます。

2 共有フォルダーへのアクセス

別のパソコンから共有したフォルダーにアクセスしましょう。
ここでは、「鈴木花子」のパソコンから「富士太郎」のパソコンのフォルダー「営業部」にアクセスします。

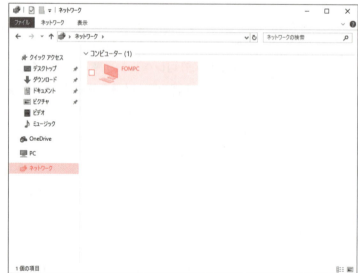

①エクスプローラーを起動します。
※タスクバーの ■ （エクスプローラー）をクリックします。
②ナビゲーションウィンドウの《ネットワーク》をクリックします。
※《ネットワーク探索が無効です。・・・》のメッセージが表示される場合は、《OK》→《ネットワーク探索とファイル共有が無効になっています。・・・》→《ネットワーク探索とファイル共有の有効化》をクリックます。
※パブリックネットワークの場合は、《ネットワーク探索とファイル共有の有効化》クリックし、接続しているネットワークの種類を選択します。

ネットワーク上のコンピューター名が表示されます。

③共有元のコンピューター名をダブルクリックします。

《ネットワーク資格情報の入力》が表示されます。
※《ネットワーク資格情報の入力》が表示されない場合は、⑦に進んでください。
④《ユーザー名》にユーザーアカウント名を入力します。
⑤《パスワード》にパスワードを入力します。
⑥《OK》をクリックします。

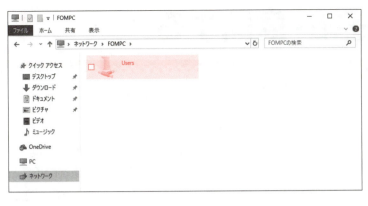

共有元のパソコンが開かれます。

⑦フォルダー《USERS》をダブルクリックします。

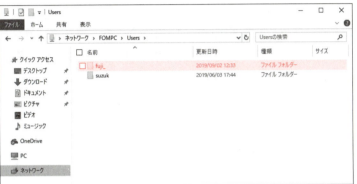

《USERS》ウィンドウが表示されます。

⑧1台目のパソコンに登録されているユーザーが表示されていることを確認します。

⑨ユーザーアカウント名のフォルダーをダブルクリックします。

《(ユーザーアカウント名)》ウィンドウが表示されます。

※フォルダー《OneDrive》が表示された場合は、フォルダー《OneDrive》をダブルクリックします。

⑩《Documents》をダブルクリックします。

※お使いのパソコンによって、《ドキュメント》と表示される場合があります。

《Documents》ウィンドウが表示されます。

⑪フォルダー「営業部」をダブルクリックします。

「営業部」ウィンドウが表示されます。

※フォルダー「営業部」内にファイルが作成できることを確認しておきましょう。

※ × (閉じる)をクリックし、「営業部」ウィンドウを閉じておきましょう。

Step 7 ファイルを圧縮・展開する

1 ファイルの圧縮

ファイルの容量をもとのサイズより小さくすることを**「圧縮」**といいます。圧縮できるファイルの数に制限はなく、複数のファイルを圧縮すると、ひとつのフォルダーにまとめることができます。このフォルダーを**「圧縮フォルダー」**といい、ファイルとフォルダーを混在させて作成することもできます。

ファイルを圧縮すると、容量の大きいファイルを圧縮してパソコンの空き容量を増やすことができるだけでなく、メールに添付したり、データをまとめてやり取りしたりするのに役立ちます。

ファイルを圧縮すると、**「Zip形式」**のフォルダーが作成され、アイコンも変わります。

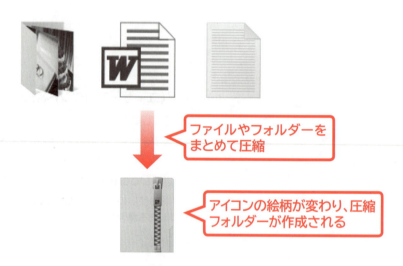

画像ファイルをまとめて圧縮しましょう。

※ここでは、《ピクチャ》に写真を保存していることを前提として実習しています。

①エクスプローラーを起動します。
※タスクバーの ■ (エクスプローラー)をクリックします。
②ナビゲーションウィンドウの《**ピクチャ**》をクリックします。
《**ピクチャ**》が表示されます。
③フォルダー「**結婚式**」をダブルクリックします。

第8章 知っていると役立つ機能を確認しよう

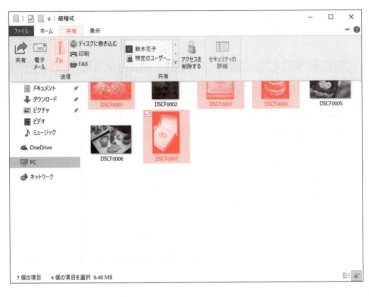

「**結婚式**」ウィンドウが表示されます。
圧縮するファイルを選択します。

④ファイル「**DSCF0001**」を選択します。
⑤**Ctrl**を押しながら、ファイル「**DSCF0003**」、「**DSCF0004**」「**DSCF0007**」を選択します。
⑥《**共有**》タブを選択します。
⑦《**送信**》グループの (Zip) をクリックします。

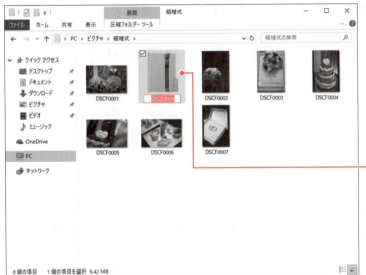

圧縮フォルダーが作成され、「**DSCF0001**」という名前が自動的に付けられ、反転表示します。

※複数のファイルを選択して圧縮フォルダーを作成した場合、最初に選択したファイル名が自動的に付けられます。

圧縮フォルダー

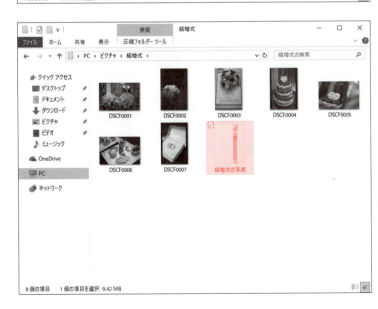

⑧「**結婚式の写真**」と入力し、**Enter**を押します。

圧縮フォルダーの名前が「**結婚式の写真**」に変わります。

STEP UP その他の方法（ファイルの圧縮）

◆1つ目のファイルを選択→**Ctrl**を押しながら、2つ目以降のファイルを選択し、右クリック→《送る》→《圧縮（zip形式）フォルダー》

POINT 圧縮後のファイルサイズ

写真ファイルやPDFファイルなどは、作成時にすでに圧縮されているので、ファイルを圧縮してもファイルサイズはほとんど変わりません。

2 ファイルの展開

圧縮されたファイルを使える状態に戻すことを**「展開」**または**「解凍」**といいます。圧縮フォルダーを展開しなくても、圧縮したファイルは表示できますが、保存することができないため、ファイルを利用する場合は展開してから使います。
また、圧縮フォルダーを展開しても、展開する前の圧縮フォルダーはそのまま残ります。不要になった場合は削除するとよいでしょう。
圧縮フォルダーをドキュメントに展開しましょう。
※ここでは、同一ユーザーの別フォルダーに圧縮フォルダーを展開します。

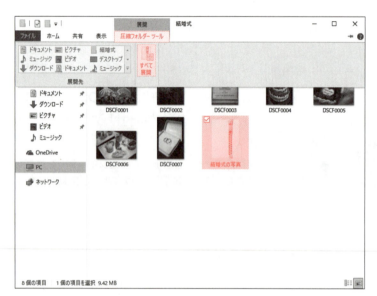

圧縮フォルダーを選択します。

①フォルダー**「結婚式の写真」**をクリックします。

②**《圧縮フォルダー展開ツール》**タブを選択します。

③ （すべて展開）をクリックします。

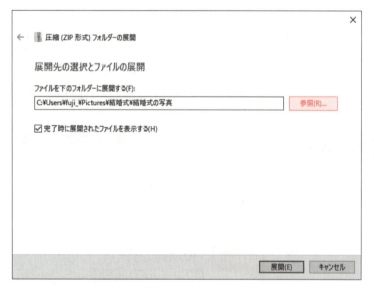

《圧縮（ZIP形式）フォルダーの展開》ダイアログボックスが表示されます。

④**《参照》**をクリックします。

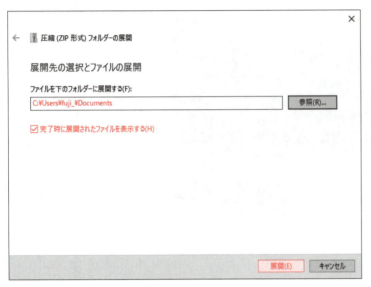

⑤ナビゲーションウィンドウの《**ドキュメント**》をクリックします。

※《ドキュメント》が表示されていない場合は、《PC》をダブルクリックします。

⑥《**フォルダーの選択**》をクリックします。

⑦《ファイルを下のフォルダーに展開する》が「**C:¥Users¥（ユーザー名）¥Documents**」に変更されます。

⑧《**完了時に展開されたファイルを表示する**》を ✓ にします。

⑨《**展開**》をクリックします。

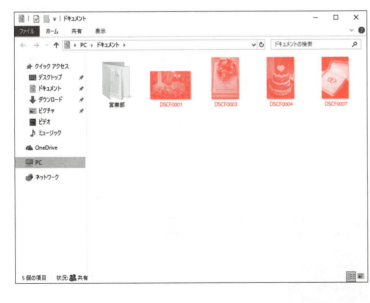

ファイルが展開され、《**ドキュメント**》ウィンドウが表示されます。

⑩展開されたファイルが表示されていることを確認します。

※ ✕ （閉じる）をクリックして、《ドキュメント》ウィンドウと《ピクチャ》ウィンドウを閉じておきましょう。

 その他の方法
（ファイルの展開）

◆圧縮フォルダーを右クリック→《すべて展開》

👉 POINT 圧縮フォルダーの展開先の変更

Windowsでは、初期の設定で、圧縮フォルダーのあるフォルダー内に展開されるので、必要に応じて展開先を変更するようにしましょう。

Step8 アプリをインストールする

1 Microsoft Store

「Microsoft Store」では、インターネット上から学習アプリやゲームなどのアプリをダウンロードしてパソコンに追加することができます。マイクロソフト社の審査を通過したアプリだけが登録されているので、ウイルスやスパイウェアを含む悪質なプログラムがダウンロードされるといったことを防ぐことができます。また、ダウンロードできるアプリには、有料・無料のものがあります。
Microsoft Storeを利用するには、Microsoftアカウントが必要です。

キーワードを入力してアプリを検索できる

スクロールすると様々なアプリが表示される

2 アプリのインストール

「インストール」とは、パソコンにアプリや更新プログラムを追加することです。インターネット上からダウンロードしたアプリは、インストールすることによって、利用できる状態になります。
Microsoft Storeのアプリは、Microsoftアカウントがあれば、管理者だけでなく標準のユーザーアカウントでもインストールできます。
Microsoft Storeからアプリをインストールしましょう。
※本書では、《Microsoft To-Do：List, Task & Reminder》をインストールしています。

①タスクバーの ■ (Microsoft Store) をクリックします。

第8章 知っていると役立つ機能を確認しよう

Microsoft Storeが起動します。

②《検索》に「Microsoft to do」と入力します。

※入力した文字に呼応し、検索ボックスの下側に検索結果が表示されます。

③《Microsoft To-Do：List, Task & Reminder》をクリックします。

※《Microsoft To-Do：List, Task & Reminder》は無料のアプリです。

アプリの詳細画面が表示されます。

※アプリ名のほかに他のユーザーの評価や有料・無料といった情報が表示されます。

④《入手》をクリックします。

※《システム必要条件》や《レビュー》をクリックすると、サポートされているOSやアプリを使用したユーザーの評価を確認できます。

《パスワードの入力》が表示されます。

※《パスワードの入力》が表示されない場合は、⑦に進んでください。

⑤《パスワード》にパスワードを入力します。

⑥《サインイン》をクリックします。

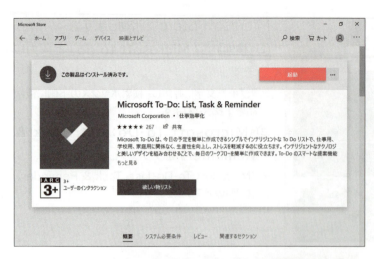

アプリがインストールされ、図のようなメッセージが画面に表示されます。

※有料アプリをインストールする場合は、《購入》が表示されます。《購入》をクリックし、メッセージに従って購入手続きが必要です。購入後の払い戻しはできませんので、ご注意ください。

インストールしたアプリを起動します。

⑦《起動》をクリックします。

追加したアプリが起動します。

※《1日の予定を確認》が表示された場合は《OK》をクリックします。
※ ×（閉じる）をクリックして、《Microsoft to do》ウィンドウを閉じておきましょう。
※ ×（閉じる）をクリックして、《Microsoft Store》を閉じておきましょう。

STEP UP インストールしたアプリの起動

インストールしたアプリは、スタートメニューから起動できます。インストールした直後は、スタートメニューの《最近追加されたもの》の一覧に表示されるので、探しやすくなっています。

STEP UP アプリのアンインストール

「アンインストール」とは、パソコンにインストールしているアプリや更新プログラムを削除することです。利用しないアプリをアンインストールすると、ハードディスクの空き容量を増やすことができます。アプリによって、削除できないものもあります。
アプリをアンインストールする方法は、次のとおりです。

◆ ■（スタート）→ ⚙（設定）→《アプリ》→左側の一覧から《アプリと機能》を選択→アンインストールするアプリを選択→《アンインストール》

※《アンインストール》が淡色表示になっているアプリは、削除できないアプリです。

付録

Windows 7から Windows 10へ データを移行しよう

Step1　Windows 7からWindows 10へデータを移行する…203

Step 1 Windows 7からWindows 10へデータを移行する

付録　Windows 7からWindows 10へデータを移行しよう

1 バックアップと復元

パソコンを買い替えたときに、今まで使っていたパソコンに保存しておいた文書や音楽、写真などのデータを簡単にコピーできると便利です。このようにデータを新しいパソコンにコピーすることを**「データの移行」**といいます。
「バックアップと復元」を使うと、データのバックアップを作成できます。この仕組みを利用してWindows 7のデータをWindows 10に簡単に移行できます。バックアップと復元は、Windows 7とWindows 10に標準で用意されています。また、新しいパソコンにデータを移行するには、USBメモリや外付けハードディスクなどのメディアが必要になります。
バックアップと復元を使って移行できるデータには、次のようなものがあります。

- ・ユーザーアカウント
- ・ドキュメントのデータ
- ・ピクチャのデータ
- ・ミュージックのデータ
- ・デスクトップ上のデータ
- ・インターネットのお気に入り　など

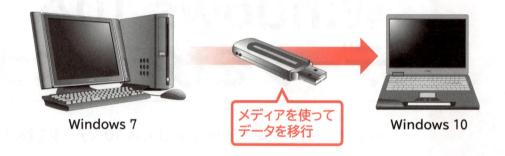

Windows 7　メディアを使ってデータを移行　Windows 10

2 データの移行手順

バックアップと復元を使って、パソコン間でデータを移行する手順は、次のとおりです。
※本書は、データのコピー先としてUSBメモリを使っています。

1　Windows 7のパソコンのデータをバックアップ

バックアップと復元を使い、Windows 7のデータをUSBメモリに保存します。
※USBメモリには、データをバックアップするための空き容量が必要です。

2　バックアップしたデータをWindows 10のパソコンにコピー

バックアップと復元を使い、USBメモリに保存したデータをWindows 10のパソコンにコピーします。

3 Windows 7のデータのバックアップ

バックアップと復元を使って、Windows 7の必要なデータをUSBメモリに保存しましょう。
※USBメモリには、データをバックアップするための空き容量が必要です。
※Windows 7のパソコンで操作します。

①パソコンのUSBポートにUSBメモリを接続します。

②　(スタート)をクリックします。
③《コントロールパネル》をクリックします。

《コントロールパネル》ウィンドウが表示されます。
④《バックアップの作成》をクリックします。

204

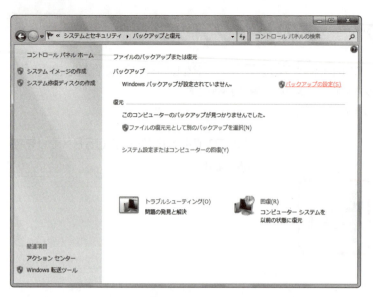

《バックアップと復元》ウィンドウが表示されます。

⑤《バックアップの設定》をクリックします。

※一度バックアップを実行している場合は、《今すぐバックアップ》が表示されます。《設定の変更》をクリックします。

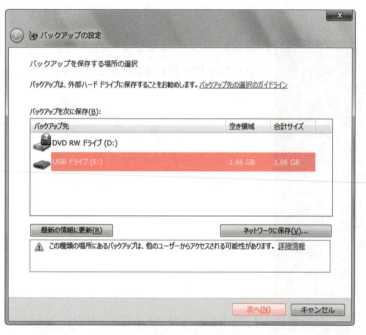

《バックアップの設定》ダイアログボックスが表示されます。

バックアップを保存する場所を選択します。

⑥《バックアップ先》の一覧から《USBドライブ（E:）》を選択します。

※お使いのパソコンによって、デバイス名やドライブ名は異なります。

⑦《次へ》をクリックします。

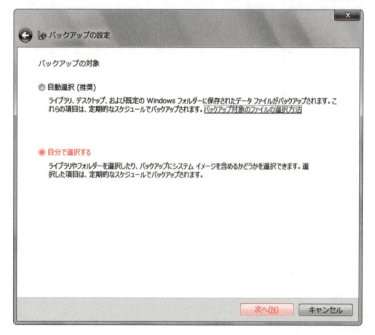

バックアップの対象を選択します。

⑧《自分で選択する》を◉にします。

⑨《次へ》をクリックします。

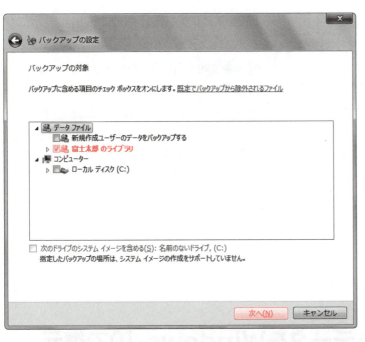

⑩ バックアップする対象ユーザーを☑にします。
※ ▷ をクリックすると、フォルダーを指定できます。
⑪《次へ》をクリックします。

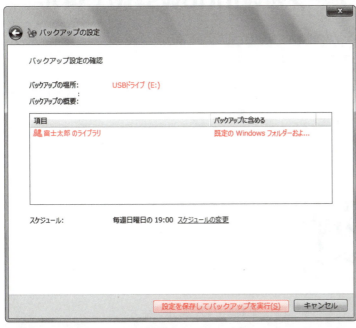

選択した内容を確認します。
⑫《バックアップの場所》と《バックアップの概要》に表示されている内容を確認します。
⑬《設定を保存してバックアップを実行》をクリックします。
※一度バックアップを実行している場合は、《設定を保存して終了》が表示されます。《設定を保存して終了》をクリックし、《今すぐバックアップ》をクリックします。

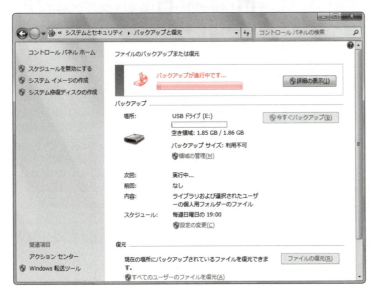

バックアップが開始されます。
バックアップ中、「**バックアップが進行中です**」と表示されます。

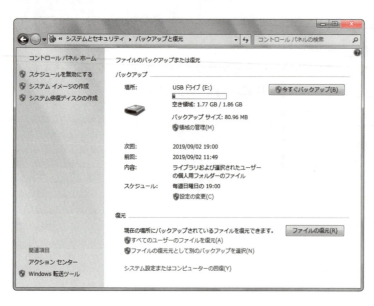

「バックアップが進行中です」が非表示になり、バックアップが終了します。

⑭ [X]（閉じる）をクリックします。

《バックアップと復元》ウィンドウが閉じられます。

※USBメモリ内を確認し、バックアップデータが保存されたことを確認しておきましょう。

※パソコンからUSBメモリを取り外しておきましょう。

4 バックアップしたデータをWindows 10で復元

USBメモリに保存したデータをWindows 10のパソコンにコピーしましょう。
※Windows 10のパソコンで操作します。

①パソコンのUSBポートにUSBメモリを接続します。

②《設定》を表示します。

※ ■（スタート）→ ⚙（設定）をクリックします。

③《更新とセキュリティ》をクリックします。

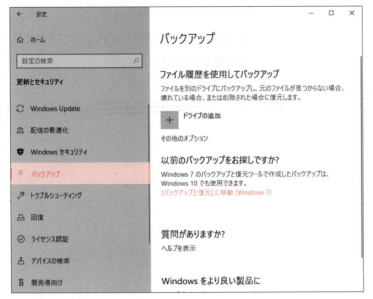

《更新とセキュリティ》が表示されます。
④左側の一覧から《バックアップ》を選択します。
⑤《[バックアップと復元]に移動（Windows 7）》をクリックします。

《バックアップと復元（Windows 7）》ウィンドウが表示されます。
⑥《ファイルの復元元として別のバックアップを選択します》をクリックします。

《ファイルの復元（詳細設定）》が表示されます。
復元するデータを保存したメディアを選択します。
⑦Windows 7のデータを保存したUSBメモリを選択します。
※お使いのパソコンによって、デバイス名やドライブ名は異なります。
⑧《次へ》をクリックします。

208

復元するデータを選択します。

⑨《このバックアップからすべてのファイルを選択する》を☑にします。

⑩《次へ》をクリックします。

復元する場所を選択します。

⑪《元の場所》を◉にします。

※《次の場所》を◉にして《参照》をクリックすると、復元する場所を選択できます。

⑫《復元》をクリックします。

バックアップしたデータが復元されます。

⑬《完了》をクリックします。

※ ✕ （閉じる）をクリックし、すべてのウィンドウを閉じておきましょう。

※ パソコンからUSBメモリを取り外しておきましょう。

索引

Index

索引

英字

Blu-ray	86
CD	85
Cortanaに話しかける	13,116
CPUの確認	183
DVD	85
InPrivateウィンドウの利用	100
Internet Explorerの起動	91
IPアドレスの確認	189
LAN	188
MACアドレスの確認	189
microSDカード	86
Microsoft Edge	14,91
Microsoft Edgeの画面構成	92
Microsoft Edgeの起動	91
Microsoft Store	199
Microsoftアカウント	42
Microsoftアカウントの取得	42
Microsoftアカウントとローカルアカウントの切り替え	45
OS	5
PINの設定	12
PINの変更	48
SDカード	86
SDメモリカード	86
USB接続	86
USBポート	86
USBメモリ	86
USBメモリにファイルを保存	88
USBメモリの接続	86
WAN	188
Webページの移動	96,97
Webページの拡大	94
Webページの検索	95
Webページの縮小	94
Webページの表示（URLの指定）	93
Webページの表示（お気に入り）	102
Webページの表示領域	92
Webページの履歴の削除	100
Webページの履歴の利用	100
Webページを閉じる	99
Windows	5
Windows 10	8
Windows 10の起動	11
Windows 7からWindows 10へデータを移行	203
Windows 7のデータのバックアップ	204
Windows Hello	49
Windows Update	142
Windows起動時のユーザーアカウントの選択	12
Windowsセキュリティの監視内容	137
Windowsセキュリティの起動	136
Windowsセキュリティの設定の確認	138
Windowsの強制終了	186
Windowsの初期化	187
Windowsファイアウォール	135
Windowsフリップ	31
Zip形式	195

あ

アイコン	14,53,54,61
アクションセンター	14
アクセス許可レベル	193
アクティビティ	124
アクティビティの削除	127
アクティビティの履歴の非表示	126
アクティブウィンドウ	28
アクティブ時間の設定	145
新しいウィンドウで開く（Webページ）	99
圧縮フォルダー	195
圧縮フォルダーの展開先の変更	198
アドレスバー	58,59,92
アプリ	8
アプリケーション	8
アプリケーションソフト	8
アプリの移動（仮想デスクトップ）	122
アプリのインストール	199
アプリの起動	18,27
アプリの終了	26
アプリの使用履歴の確認	185
アプリのピン留め	105
アンインストール（アプリ）	201
アンインストール（更新プログラム）	144

い

一覧	65
移動（ウィンドウ）	23
移動（タイル）	109
移動（ファイル）	80
移動（フォルダー）	78,80
色の設定	156
インストール（アプリ）	199
インストール（更新プログラム）	144
インストールしたアプリの起動	201
インターネット	188

う

ウイルス	133
ウイルスおよびスパイウェアの定義の更新	139
ウイルスが発見された場合	141
ウイルス対策・スパイウェア対策の状態の確認	136
ウイルス対策ソフト	134
ウィンドウの移動	23
ウィンドウの画面構成	20
ウィンドウの境界線	20,24
ウィンドウの最小化	22
ウィンドウのサイズ変更	24
ウィンドウの最大化	21
ウィンドウの非表示	31
ウィンドウをすべてのデスクトップに表示	121

え

エクスプローラー	55
エクスプローラーの画面構成	56
エクスプローラーの起動	55
エクスプローラーの終了	63
エクスプローラーを使ったファイルの検索	111
エラーチェック	179

お

応答しないタスクの終了	185
お気に入り	92,101
お気に入りの削除	103
お気に入りの整理	103
お気に入りの登録	101
音声でアプリを操作	116

か

解除（スタートメニューの表示）	15
解除（スリープ状態）	34
解除（ピン留め）	105,106
解除（ロック）	38
拡張子	53
拡張子の表示	54
過去に作業したファイルを開く	126
仮想デスクトップ間でのアプリの移動	122
仮想デスクトップの終了	122
仮想デスクトップの追加	119
画像の設定	45
画面解像度の設定	161
画面構成（Microsoft Edge）	92
画面構成（ウィンドウ）	20
画面構成（エクスプローラー）	56
画面構成（スタートメニュー）	16
画面構成（タイムライン）	125
画面構成（デスクトップ）	13
画面のスクロール（Webページ）	94
管理者（ユーザーアカウント）	42

き

既定のモードの選択	157
起動（Internet Explorer）	91
起動（Microsoft Edge）	91
起動（Windows 10）	11,33
起動（Windowsセキュリティ）	136
起動（アプリ）	18,201
起動（エクスプローラー）	55
起動（タスクマネージャー）	183
起動（複数のアプリ）	27
機能更新プログラム	142
キューの表示	152
強制終了（Windows）	186
強制終了の手順	186
共有フォルダーの作成	191
共有フォルダーへのアクセス	193
切り替え（Microsoftアカウントとローカルアカウント）	45
切り替え（タスク）	28,29,30
切り替え（デスクトップ）	120
切り替え（別のユーザーアカウント）	51

く

クイックアクセスツールバー	58
クラッカー	134
クリック	9,10
クリップボードの履歴から貼り付け	129
クリップボードの履歴の削除	131
クリップボードの履歴のピン留め	131
クリップボードの履歴を有効にする	128
グループの移動	108
グループの削除	109
グループの作成	107
グループ名の変更	107

け

検索エンジン	96
検索条件の保存	113
検索ボックス	13,58,111,114
検索履歴の削除	113

こ

更新の一時停止	142
更新プログラム	142
更新プログラムのアンインストール	144
更新プログラムを手動でインストール	144
更新履歴の表示	143
このページを共有する	92
コピー（ファイル）	77,80
コピー（フォルダー）	80
ごみ箱	14,81
ごみ箱の利用	84
コンテンツ	65

212

索引

コントロールパネルの表示 …………………… 147
コンピューターウイルス ………………………… 133

さ

再起動 …………………………………………… 36
最小化（ウィンドウ） ………………………… 20,22,26
最小化（ほかのウィンドウ） …………………… 32
最新の情報に更新 ……………………………… 92
サイズ変更（ウィンドウ） ……………………… 24
サイズ変更（タスクバーのアイコン） ………… 160
最大化（ウィンドウ） ………………………… 20,21
最適化 …………………………………………… 181
サインアウト …………………………………… 43
サインイン ……………………………………… 43
削除（Webページの履歴） …………………… 100
削除（アクティビティ） ……………………… 127
削除（お気に入り） …………………………… 103
削除（クリップボードの履歴） ……………… 131
削除（グループ） ……………………………… 109
削除（検索履歴） ……………………………… 113
削除（スタートメニューのフォルダー） …… 110
削除（ストレージセンサーで検索されたファイル） … 177
削除（通知を許可したアプリ） ……………… 173
削除（ファイル） …………………………… 82,83
削除（プリンター） …………………………… 152
削除（ユーザーアカウント） ………………… 51
サムネイルプレビュー ………………………… 23

し

自動再生の設定 ………………………………… 89
シャットダウンでの終了 ……………………… 33,36
ジャンプリストからファイルを開く ………… 127
集中モードの設定 ……………………………… 170
集中モードの利用時間 ………………………… 171
終了（Windows 10） ………………………… 33
終了（アプリ） ………………………………… 26
終了（エクスプローラー） …………………… 63
終了（応答しないタスク） …………………… 185
終了（仮想デスクトップ） …………………… 122
終了（シャットダウン） ……………………… 36
終了（スリープ） ……………………………… 33
小アイコン ……………………………………… 64
詳細 ……………………………………………… 65
詳細ウィンドウ ………………………………… 56
詳細ウィンドウの非表示 ……………………… 57
詳細ウィンドウの表示 ………………………… 57
省電力の設定 …………………………………… 167

す

スーパーマルチドライブ ……………………… 86
スキャンの実行 ………………………………… 140
スキャンの種類 ………………………………… 140
スクリーンセーバー …………………………… 159
スクロールバー ………………………………… 20
進む ……………………………………………… 58,92
スタート ………………………………………… 13
スタートページの設定 ………………………… 103
スタートメニューにピン留め ………………… 106
スタートメニューにピン留めされたアプリ … 16
スタートメニューにフォルダーを表示 ……… 106
スタートメニューにフォルダーをピン留め … 106
スタートメニューの画面構成 ………………… 16
スタートメニューの表示 ……………………… 15
スタートメニューの表示の解除 ……………… 15
スタートメニューのフォルダーの削除 ……… 110
ステータスバー ………………………………… 58
ストアアプリ …………………………………… 17
ストレージセンサーの利用 …………………… 175
ストレッチ ……………………………………… 10
スナップ機能 …………………………………… 25
スパイウェア …………………………………… 134
スパイウェア対策ソフト ……………………… 134
すべてのアプリ ………………………………… 16
スライド ………………………………………… 10
スリープ状態の解除 …………………………… 34
スリープでの終了 ……………………………… 33
スワイプ ………………………………………… 10

せ

セキュリティホール …………………………… 135
設定 ……………………………………………… 16
設定など ………………………………………… 92
設定の各項目の役割 …………………………… 148
設定の表示 ……………………………………… 147

た

大アイコン ……………………………………… 64
タイトルバー …………………………………… 20,58
タイムラインの画面構成 ……………………… 125
タイムラインの表示 …………………………… 124
タイルの移動 …………………………………… 109
タイルの整理 …………………………………… 109
タイルの展開 …………………………………… 110
タスク …………………………………………… 6,27
タスクの確認 …………………………………… 183
タスクの切り替え …………………………… 28,29,30
タスクバー ……………………………………… 13
タスクバーにピン留め ………………………… 105
タスクバーにピン留めされたアプリ ………… 14
タスクバーのアイコンのサイズ変更 ………… 160
タスクバーのアイコンの表示 ………………… 28
タスクバーの位置の変更 ……………………… 160
タスクバーの設定 ……………………………… 159
タスクバーを使ったファイルの検索 ………… 114
タスクビュー …………………………………… 13
タスクマネージャーの起動 …………………… 183

タッチ操作	10
タップ	10
タブ	92
ダブルクリック	9
ダブルタップ	10
断片化	181

ち

中アイコン	64

つ

追加（仮想デスクトップ）	119
追加（ユーザーアカウント）	50
追加（ローカルアカウント）	51
通常使うプリンター	151
通知	14
通知領域	14
通知を許可したアプリの削除	173
通知を許可するアプリの設定	172

て

定義ファイル	139
ディスクデフラグ	181
ディスクの空き領域を増やす	175
ディスクの最適化	181
ディスク不良の修復	179
ディスプレイの明るさの設定	169
データの移行	203
データの移行手順	203
テーマの設定	153
デスクトップアプリ	17
デスクトップの画面構成	13
デスクトップの切り替え	120
デスクトップの背景の設定	155
デフラグ	181
電源	16
電力の設定	166

と

動的ロック	39
特大アイコン	64
閉じる（Webページ）	99
閉じる（ウィンドウ）	20,26
ドット	161
ドライブ	61
ドライブの状態の確認	180
ドライブ名	61
ドラッグ	9,10

な

長押し	10
ナビゲーションウィンドウ	56,57
並べ替えの順序	70
並べて表示	65
なりすまし	135

ね

ネットワーク	188
ネットワークの種類	191
ネットワークの接続方法	188

は

背景の設定	155
バグ	135
パスの表示	60
パスワードの設定	12
パスワードの変更	46
パソコンのロック	37
パソコンを取り巻く危険	133
バックアップしたデータをWindows 10で復元	207
バックアップと復元	203

ひ

ピクセル	161
ピクチャパスワード	49
非表示（アクティビティの履歴）	126
非表示（ウィンドウ）	31
非表示（詳細ウィンドウ）	57
非表示（プレビューウィンドウ）	57
非表示（列見出しの項目）	70
表示（お気に入りのWebページ）	102
表示（拡張子）	54
表示（キュー）	152
表示（更新履歴）	143
表示（コントロールパネル）	147
表示（スタートメニュー）	15
表示（詳細ウィンドウ）	57
表示（設定）	147
表示（ファイル）	62
表示（複数のWebページ）	98
表示（プレビューウィンドウ）	57
表示（列見出しの項目）	70
標準（ユーザーアカウント）	42
標準のテーマに戻す	154
品質更新プログラム	142
ピンチ	10
ピン留め（クリップボードの履歴）	131
ピン留め（スタートメニュー）	106
ピン留め（タスクバー）	105
ピン留め（フォルダー）	106
ピン留めの解除	105,106

ふ

ファイアウォール	135
ファイル	53
ファイルの圧縮	195

索引

ファイルの移動 …………………………………… 80
ファイルの解凍 …………………………………… 197
ファイルの拡張子 ………………………………… 53
ファイルの検索（エクスプローラー）…………… 111
ファイルの検索（検索フィルター）……………… 112
ファイルの検索（タスクバー）…………………… 114
ファイルのコピー ………………………………… 77,80
ファイルの削除 …………………………………… 82,83
ファイルの削除（ストレージセンサー）………… 177
ファイルの作成 …………………………………… 73
ファイルの選択 …………………………………… 80
ファイルの抽出 …………………………………… 71
ファイルの展開 …………………………………… 197
ファイルの並べ替え ……………………………… 68
ファイルの表示 …………………………………… 62
ファイルの表示方法 ……………………………… 64
ファイルの表示方法の変更 ……………………… 66
ファイルのプロパティ …………………………… 75
ファイル名 ………………………………………… 53
ファイル名の変更 ………………………………… 75
ファイルリスト …………………………………… 56
フォルダー ………………………………………… 54,72
フォルダーの移動 ………………………………… 78,80
フォルダーのコピー ……………………………… 80
フォルダーの削除 ………………………………… 110
フォルダーの作成 ………………………………… 72
フォルダーの選択 ………………………………… 80
フォルダーのピン留め …………………………… 106
複数のWebページの表示 ………………………… 98
複数のアプリの起動 ……………………………… 27
不正アクセス ……………………………………… 134
ブラウザー ………………………………………… 91
プラグアンドプレイ ……………………………… 7
プリンターの削除 ………………………………… 152
プリンターの追加 ………………………………… 149
フルスクリーンプレビュー ……………………… 23
プレビューウィンドウ …………………………… 56
プレビューウィンドウの非表示 ………………… 57
プレビューウィンドウの表示 …………………… 57

へ

別のユーザーアカウントへの切り替え ………… 51

ほ

ポイント …………………………………………… 9
ほかのウィンドウの最小化 ……………………… 32
ほかのデバイスとの同期 ………………………… 129

ま

マウス操作 ………………………………………… 9
マウスポインターの形 …………………………… 24
マウスポインターの設定 ………………………… 164
マウスを動かすコツ ……………………………… 9

マルチタスク ……………………………………… 6,27

み

右クリック ………………………………………… 9,10

め

メディア …………………………………………… 85
メディアにファイルを書き込む ………………… 86
メモリの確認 ……………………………………… 183
メモを追加する …………………………………… 92

も

目的のアプリの表示方法 ………………………… 19
文字の大きさの設定 ……………………………… 163
戻る ………………………………………………… 58,92

や

夜間モードの設定 ………………………………… 168
夜間モードの利用時間 …………………………… 169

ゆ

ユーザーアカウント ……………………………… 6,41
ユーザーアカウント制御 ………………………… 180
ユーザーアカウントの確認 ……………………… 44
ユーザーアカウントの削除 ……………………… 51
ユーザーアカウントの種類 ……………………… 42
ユーザーアカウントの追加 ……………………… 50

ら

ライブタイル ……………………………………… 16

り

リアルタイム保護 ………………………………… 138
リーディングリスト ……………………………… 103
リボン ……………………………………………… 58,59
リボンの展開 ……………………………………… 58
リムーバブルディスク …………………………… 85
履歴 ………………………………………………… 100
リンクを使ったWebページの移動 ……………… 96

れ

列見出しの項目の非表示 ………………………… 70
列見出しの項目の表示 …………………………… 70
列見出しの列幅の自動調整 ……………………… 70

ろ

ローカルアカウント ……………………………… 42
ローカルアカウントの追加 ……………………… 51
ロック ……………………………………………… 37
ロック画面の設定 ………………………………… 158
ロック画面の背景 ………………………………… 159
ロックの解除 ……………………………………… 38

よくわかる
Windows® 10
May 2019 Update 対応
(FPT1908)

2019年 8月25日　初版発行

著作／制作：富士通エフ・オー・エム株式会社

発行者：大森　康文

発行所：FOM出版（富士通エフ・オー・エム株式会社）
　　　　（エフオーエム）
　　　　〒105-6891　東京都港区海岸1-16-1 ニューピア竹芝サウスタワー
　　　　https://www.fujitsu.com/jp/fom/

印刷／製本：アベイズム株式会社

表紙デザインシステム：株式会社アイロン・ママ

- 本書は、構成・文章・プログラム・画像・データなどのすべてにおいて、著作権法上の保護を受けています。本書の一部あるいは全部について、いかなる方法においても複写・複製など、著作権法上で規定された権利を侵害する行為を行うことは禁じられています。
- 本書に関するご質問は、ホームページまたは郵便にてお寄せください。
  <ホームページ>
  　上記ホームページ内の「FOM出版」から「QAサポート」にアクセスし、「QAフォームのご案内」から所定のフォームを選択して、必要事項をご記入の上、送信してください。
  <郵便>
  　次の内容を明記の上、上記発行所の「FOM出版 デジタルコンテンツ開発部」まで郵送してください。
  　・テキスト名　　・該当ページ　　・質問内容（できるだけ詳しく操作状況をお書きください）
  　・ご住所、お名前、電話番号
  　　※ご住所、お名前、電話番号など、お知らせいただきました個人に関する情報は、お客様ご自身とのやり取りのみに使用させていただきます。ほかの目的のために使用することは一切ございません。
  　なお、次の点に関しては、あらかじめご了承ください。
  　・ご質問の内容によっては、回答に日数を要する場合があります。
  　・本書の範囲を超えるご質問にはお答えできません。　・電話やFAXによるご質問には一切応じておりません。
- 本製品に起因してご使用者に直接または間接的損害が生じても、富士通エフ・オー・エム株式会社はいかなる責任も負わないものとし、一切の賠償などは行わないものとします。
- 本書に記載された内容などは、予告なく変更される場合があります。
- 落丁・乱丁はお取り替えいたします。

© FUJITSU FOM LIMITED 2019
Printed in Japan

FOM出版のシリーズラインアップ

定番の よくわかる シリーズ

「よくわかる」シリーズは、長年の研修事業で培ったスキルをベースに、ポイントを押さえたテキスト構成になっています。すぐに役立つ内容を、丁寧に、わかりやすく解説しているシリーズです。

資格試験の よくわかるマスター シリーズ

「よくわかるマスター」シリーズは、IT資格試験の合格を目的とした試験対策用教材です。

■MOS試験対策

■情報処理技術者試験対策

ITパスポート試験　　　　基本情報技術者試験

FOM出版テキスト 最新情報 のご案内

FOM出版では、お客様の利用シーンに合わせて、最適なテキストをご提供するために、様々なシリーズをご用意しています。

FOM出版　　Q検索

https://www.fom.fujitsu.com/goods/

FAQのご案内
［テキストに関するよくあるご質問］

FOM出版テキストのお客様Q&A窓口に皆様から多く寄せられたご質問に回答を付けて掲載しています。

FOM出版　FAQ　　Q検索

https://www.fom.fujitsu.com/goods/faq/